环境社会学
理论与方法

冯燕　蒋培◎主编

吉林大学出版社

·长春·

图书在版编目(CIP)数据

环境社会学理论与方法 / 冯燕，蒋培主编. -- 长春：
吉林大学出版社，2022.11

ISBN 978-7-5768-1320-3

Ⅰ．①环… Ⅱ．①冯… ②蒋… Ⅲ．①环境社会学－
高等学校－教材 Ⅳ．①X24

中国版本图书馆CIP数据核字(2022)第244690号

书　　名	环境社会学理论与方法	
	HUANJING SHEHUIXUE LILUN YU FANGFA	
作　　者	冯燕 蒋培	
策划编辑	李伟华	
责任编辑	李伟华	
责任校对	陈曦	
装帧设计	左图右书	
出版发行	吉林大学出版社	
社　　址	长春市人民大街4059号	
邮政编码	130021	
发行电话	0431-89580028/29/21	
网　　址	http://www.jlup.com.cn	
电子邮箱	jdcbs@jlu.edu.cn	
印　　刷	湖北诚齐印刷股份有限公司	
开　　本	787mm×1092mm　　1/16	
印　　张	13.5	
字　　数	210千字	
版　　次	2022年11月　第1版	
印　　次	2022年11月　第1次	
书　　号	ISBN 978-7-5768-1320-3	
定　　价	68.00元	

AUTHOR
作者简介

冯燕（1986.07—），女，汉族，陕西铜川人，研究生学历，博士学位，研究方向是环境社会学、城乡社会学。现为陕西师范大学社会学系讲师，硕士生导师，兼任中国社会学会环境社会学学术委员会理事。先后主持国家社科基金项目"生态文明视域下西北荒漠绿洲地区人水关系演变及应对研究"、陕西省社科基金项目"乡村振兴视域下陕南地区生态宜居美丽乡村建设研究"、西安市社科基金项目"西安市社区垃圾分类'在地参与'机制创新研究"。参与国家社科基金一般项目、青年项目、教学改革项目多项。

蒋培（1987.02—），男，汉族，浙江余杭人，研究生学历，博士学位，研究方向是环境社会学、农村社会学。浙江农林大学文法学院讲师、硕士生导师，中国社会科学院社会学研究所出站博士后，美国科罗拉多州立大学联合培养博士（国家留学基金公派项目）。发表核心期刊以上论文10余篇。主持国家社科基金、中国博士后基金项目、北京郑杭生基金学子项目（博士）各一项，参与国家社科基金重大项目、一般项目、青年项目等多项。

PREFACE
前　言

　　环境社会学自20世纪70年代产生以来,其研究在较为广泛的领域取得了丰硕的成果。环境社会学研究大致可以分为两种倾向,即环境学的环境社会学与社会学的环境社会学。所谓环境学的环境社会学,主要研究的是环境与社会的关系,而且相对来说比较强调环境因素对于社会系统的影响;在研究方法或分析框架上,主要采用自然科学研究的一些方法或分析框架,如生态学的分析方法和系统科学的分析方法。而所谓社会学的环境社会学,主要围绕环境问题及其社会影响而开展研究,这里环境问题相对来说作为一个比较独立的分析对象;在研究方法或分析框架上,主要采用社会科学,特别是传统社会学和政治经济学的一些方法或分析框架,如社会冲突分析和社会建构分析。由此可见,社会学的环境社会学研究更具有社会学分支学科的色彩,更容易为主流社会学所接纳。这也正是笔者的研究路线。

　　20世纪以来,随着人类实践活动的深入与发展,人类正在面对一个日益严峻的现实问题,即环境污染与资源枯竭问题。环境问题产生的原因较为复杂,它同人类自身的社会结构、社会行动及人类对自身本性与地位的意识和态度有着直接关系。可以说,环境问题是当代人类面临的最为艰难的理论与实践的挑战,也是亟待解决的生存现实问题。这既涉及自然科学与人文社会科学的学科交汇问题,也是理论、实践及政策需要加以应对的综合性问题。面对日益严峻的环境生态危机,社会学做出了积极的正面回应,最典型的表现即为社会学分支学科——环境社会学的诞生与发展。环境社会学不仅从理论层面展开了与传统社会学理论的多元对话,确立"环境"变量的理论地位,在实践层面也广泛关注各种环境问题和生态困境,在对具体问题的研究中揭示环境与人的互动关系,并在此过程中产生了许多研究主题,诸如环境意识、环境行为、环境风险、环境正义等。

　　本书是对环境社会学理论的一次大规模整理和系统梳理以及应用,主要内容包括环境社会学概述、环境社会学的相关理论、环境社会学的研究方法、生态与环境问题、环境社会学的社会事实、环境问题的社会影响、环境问题的社会应对、生态文明建设的实现路径,进而为人类确立一种合理的环境行为构建新的理论框架和思维模式,该书适用于社会学、环境科学等相关学科专业的本科课程教学,也可为一般读者了解环境社会学提供参考,具有较高的学术理论价值和现实借鉴意义。

冯燕、蒋培

2022 年 10 月

CONTENTS

目 录

第一章 环境社会学概述 ·················001

　第一节 环境社会学的内涵和研究领域 ···············001

　第二节 环境社会学的研究视角 ·················005

　第三节 环境社会学的学科定位和特点 ···············017

第二章 环境社会学的相关理论 ·················023

　第一节 古典社会学关于环境问题的理论阐释 ···········023

　第二节 当代国外环境社会学的理论研究 ·············026

　第三节 中国环境社会学的理论研究 ···············042

第三章 环境社会学的研究方法 ·················045

　第一节 定量研究方法 ·····················045

　第二节 质性研究方法 ·····················048

　第三节 自然科学研究方法的运用 ···············052

第四章 生态与环境问题 ···················059

　第一节 生态系统概述 ·····················059

　第二节 环境问题概述 ·····················065

　第三节 生态平衡破坏 ·····················072

　第四节 资源短缺 ·······················074

　第五节 环境污染 ·······················083

第五章 环境社会学的社会事实 ·················088

　第一节 环境及其功能特性 ···················088

　第二节 环境问题的基本构成要素 ···············096

　第三节 当代环境问题产生的社会根源 ·············107

　第四节 当代中国环境问题的社会特征 ·············109

第六章 环境问题的社会影响 ···117

第一节 人与自然的对抗和协调···117

第二节 资源环境问题制约经济发展 ·····························124

第三节 公众环境意识的觉醒···132

第七章 环境问题的社会应对 ···141

第一节 全球应对气候变暖···141

第二节 中国应对环境问题的举措 ·····························147

第三节 环境行为的社会约束···150

第八章 生态文明建设的实现路径 ·····························158

第一节 技术创新···158

第二节 制度创新···170

第三节 文化创新···179

第四节 组织创新···190

第五节 可持续发展···196

参考文献 ···205

第一章 环境社会学概述

20世纪60年代以来,环境问题日趋严重。一系列环境问题对国际社会的冲击和影响已经渗透到国际政治、经济、文化生活的各个方面,成为关系到人类生存与发展的重大国际问题。环境问题的复杂性及其对人类命运的重大影响,使跨学科研究、全球治理得到前所未有的关注和重视。环境社会学作为一门交叉性的新兴学科,对环境与人类社会的关系及其影响的研究正变得越来越深入、越来越系统,指导与应对环境问题以及协调人与环境之间关系的重要性日益彰显。

第一节 环境社会学的内涵和研究领域

在环境问题出现的最初时期,社会学界普遍认为环境问题是自然科学关注的对象,而不应是社会科学研究的内容。随着环境问题的日益恶化,人们开始逐渐认识到环境问题不仅仅是一个技术问题,更与社会结构、社会组织制度以及人类的生产方式、生活方式、发展方式等行为模式相关。社会学作为一门研究社会系统以及社会系统中人类行为的学科,可以为认识和解决环境问题提供新的视角。要从根本上解决环境问题,人类必须对人与自然、环境与社会的关系进行深刻反思,对社会组织方式进行有效的改造。这是对传统社会学提出的新课题,也给社会学拓展研究新领域提供了契机,环境社会学由此进入了人们的视野。

一、环境社会学的内涵

何谓环境社会学(Environmental Sociology)? 如同社会学难以定义一样,至今环境社会学也没有一个严格的界定。但是,我们可以从相关社会学者的不同理解中来了解环境社会学的基本内涵。

美国社会学家施耐伯格(A.Sehnaiberg)和邓拉普(R.E.Dunlap)主张:所

谓环境社会学是研究社会与环境之间相互关系的学问。

美国社会学家哈姆菲利(C.R.Humphrey)和巴特尔(F.R.Buttel)则认为:环境社会学不仅要研究一般意义上的环境与社会的关系,还要通过研究环境与社会相互影响、相互作用的机制,来探讨人类在利用环境时对人的行为起决定性作用的文化价值、信念和态度。社会学家应对弄清楚人类社会和环境之间冲突与协调的原因抱有兴趣。因此,仅仅将环境社会学定义为研究环境与社会之间的关系会使定义过于抽象和贫乏,而且不能达到将其运用于解决实际问题这一目的。

日本社会学家饭岛伸子认为,所谓环境社会学是研究有关包围人类的、自然的、物理的、化学的环境与人类群体、人类社会之间的各种相互关系的学科领域。换句话说,社会的、文化的环境历来是社会学的研究对象。自然的、物理的、化学的环境并不是以往社会学的研究对象,而探讨这两者之间相互作用的学科就是环境社会学。社会学是研究人类的社会行为和结合关系的一门学问。对环境社会学来说,在人类的社会行为波及的范围内,其研究对象不仅包括人类群体,而且还包括人类社会以外的自然的、物理的、化学的环境。环境社会学正是以研究这种非社会文化环境与人类群体之间的相互作用为宗旨的。这并不是说,在环境社会学产生之前,社会学没有进行过有关环境的研究。然而,以往社会学研究的环境仅仅是文化的、社会的环境,与环境社会学把自然的、物理的、化学的环境也当作主要研究对象的研究是不同的。试图开拓新领域的环境社会学的最大特点在于把以往社会学排除于研究对象之外的自然的、物理的、化学的环境纳入了研究范围,并把研究这种环境与人类社会、人类群体之间的关系作为主要目的。环境社会学从这一视角来考察社会,必然与以往的社会学是不同的①。

有关环境社会学,近年来国内学者也颇为关注。

洪大用认为,环境社会学之未来发展的深层制约,既不在于研究领域的宽窄(特别是,不在于是否拓宽毫无理论指导的经验调查研究),也不在于研究者持什么样的价值观,而在于确定适当的研究主题和研究范式,并在此基础上进行具有内在一致性的环境社会学理论建设。环境社会学的研究应当围绕"环境问题的产生及其社会影响"来进行。而且环境社会学

①饭岛伸子. 环境社会学[M]. 包智明,译. 北京:社会科学文献出版社,1999.

的研究范式应当采取社会学的一些有益范式,不必对整个社会学的范式采取完全排斥的态度。毕竟,环境社会学是社会学的一个分支学科,应当是社会学的环境社会学。这门学科的主要任务应当是具体分析环境问题产生的社会过程和社会原因,分析环境问题作为一种新的"社会事实"是如何影响现代社会的,分析现代社会对于环境问题的反映及其效果。①

左玉辉等人认为,环境社会学是环境科学和社会科学之间的交叉学科,它从社会科学的角度研究人与环境的相互作用,探求其中的规律性,寻求调控人类环境行为、解决环境问题的社会手段和途径。②

沈殿忠认为,环境社会学是关于环境与社会相互作用的基本原则和基本规律的理论体系。这个理论体系的形成需要两种资源的支持:一是思想资源,二是社会资源。这个体系结构需要把握几个重要原则:即逻辑的与历史的统一、理性的与实践的统一、结构的与功能的统一。这个体系的特色主要体现在三个方面:首先是跨学科的描述;其次是跨学科的解释;再次是跨学科的范式。这个体系的模式需要回答三个方面的问题:一是模式转型与替代的方向,二是模式转型与替代的机制,三是模式转型与替代的力量。这个理论体系的前景至少有三个走向:一是从专业化到整体化;二是从本土化到全球化;三是从边缘化到中心化。③

对一个学科概念的定义有多种理解是很常见的,这也是一个诞生不久的学科正在走向成熟的反映。

我们认为,环境社会学是运用社会学和环境科学等多学科的理论和方法,研究当代环境问题产生的社会根源及其影响,通过环境问题的产生与社会变迁、环境与社会关系的分析,探讨应对环境问题的社会手段和途径,从而促进环境与经济、社会持续协调发展的一门新兴交叉学科。

二、环境社会学的基本问题

任何一门学科的研究都是围绕这门学科的基本问题而展开的,基本问题是一门学科得以生长的基础。环境社会学的基本问题就是环境与社会的关系及其影响。

---

① 洪大用. 西方环境社会学研究[J]. 社会学研究,1999(02):85-98.
② 吕慧华,柏益尧,左玉辉. 资源型城市环境调控研究——以徐州市为例[J]. 四川环境, 2007(04):56-59+64.
③ 沈殿忠. 关于环境社会学理论体系的几点探讨[J]. 甘肃社会科学,2007(01):7-11.

由这一基本问题引申开来的基本任务就是在坚持环境与社会相互作用这一基本观念的基础上,围绕环境问题产生的社会原因、环境问题的社会影响以及人的内心环境建设,研究实现环境保护和改善与社会进步相互促进、共同发展的途径。

要对上述问题有所回应,就必须研究和探索一系列相关问题。

首先,要重新认识环境与社会的关系。通过树立环境价值观等新的观念,打破人类中心主义的理念,进而确立科学发展观,使人类社会可持续发展。

其次,要把环境问题的解决与社会变迁的研究联系在一起。当然,这里的"社会变迁"已经不单纯是传统意义上的社会变迁,而应该把环境变化置于社会变迁的整体框架内。

再次,要厘清环境问题产生的社会根源及其影响。人类过度征服自然、改造自然,已经受到自然规律的报复,资源和环境问题严重制约了社会经济的发展。

最后,要探讨应对环境问题的社会手段和途径。通过调整人的心态,改变人类行为方式(如生产方式、生活方式、发展方式等),建设生态文明,把我们的社会建设成为"资源节约型、环境友好型"的和谐社会。

三、环境社会学的研究内容

围绕上述基本问题和基本任务,目前环境社会学至少应该研究以下几个方面的内容。

第一,环境社会学理论研究。要加强环境社会学思想资源和社会资源的理论研究,具体内容主要有:环境社会学的理论基础、环境社会学的理论建构、环境社会学的理论体系、环境社会学中"环境"的内涵、人的内心环境建设及其作用、环境社会学的学科定位、环境社会学的研究方法、其他学科理论对环境社会学的启示等。

第二,环境社会系统进化、演替等的规律与机制研究。具体内容主要有环境问题作为一种新的社会现象和社会事实是如何影响人类社会的,包括社会结构、社会运行、社会制度、社会变迁、社会现代化等;人类社会行为与环境的相互作用,社会分层等社会要素与环境的关系,环境破坏与环境保护的社会机制分析,环境价值、环境容量、环境运动和环境意识研究、环境问题中的社会关系(如环境公平、环境歧视等)、人口与环境、资源与环境等。

第三,人类社会对于环境问题的反映及其效果,环境问题的社会应对途径和方法。具体内容主要有具体环境问题的社会学研究,组织(政府组织、非政府组织等)、群体、个人的环境行为及其与环境问题的关系,环境教育与环境文化的形成与社会传播,科学技术与环境保护,城市化、工业化、农业现代化与环境保护,环境政策和城市规划环境评估、新农村建设环境评估,社会生产方式、生活方式、发展方式的转变等。

随着环境社会学研究的逐步深入,其部分研究领域将不断得到深化,一些新的领域将不断得到拓展,并最终形成有自己特色的研究领域。

第二节 环境社会学的研究视角

环境社会学的理论是逐步建构和发展起来的。尽管环境社会学研究只有短短30余年的历史,但关注环境与社会问题的思想却早已有之。事实上,在人类的历史长河中,大多数时间人与环境基本上还是和谐相处的。环境社会学的理论思想主要来源于三个方面:一是传统理论的渗透,二是环境社会学学者的理论建构,三是相关理论的借鉴与创新。

一、环境社会学的理论基础

理论基础是一门学科发展的前提,环境社会学的主要理论基础是:社会学理论、传统理论的渗透、环境社会学学者建构的理论、环境科学理论、相关理论的借鉴与创新,如可持续发展理论和科学发展观理论等。

(一)社会学理论

环境社会学的研究内容也是社会学研究的重要组成部分,处处渗透着社会学研究的理论和方法。环境社会学要用社会学的相关概念、原理和方法来分析和认识各种环境问题,用社会学的观点关注社会经济发展与环境的关系,关注社会各要素与环境变迁、环境问题等之间的影响,关注人的内心环境建设。诸如社会结构、社会运行、社会变迁、社会控制、社会组织方式等理论在环境社会学研究中有着广泛的体现。

（二）传 统 理 论

传统理论包含着环境社会学的理论基础。例如,环境社会学与马克思主义有着密切关系。不少学者对马克思和恩格斯很多著作进行了研究,都发现了他们对所谓资本主义的第二矛盾——资本主义和它赖以繁荣的生物物理资源之间矛盾的强调;关于环境退化可能同样或更多是由于无法控制任何发达工业系统造成的,等等。从某种意义上说,环境社会学的很多研究视角都闪烁着马克思主义的灵感。

（三）环 境 社 会 学 学 者 建 构 的 理 论

巴特尔及其同事较早地采用了"社会建构"理论来阐释环境问题[1]。贝克"风险社会"的概念和理论在环境政策、环境价值的创造等方面提出了很有意义的见解。他认为,现代社会正在转变为一种与之根本不同的社会——风险社会,这种转变是由于历史上罕见的环境危险造成的。贝克还探索了当代政治和文化权力关系掩盖环境恶化的起因及其对破坏环境者保护的方式,主张推进政治与经济领域决策的民主化,以利于促进持续的环境保护。[2]

吉登斯的"环境运动"理论认为,总的来说,环境运动和新社会运动的作用增加了,社会同一性中的自然符号的重要性增加了,其中现代世界政策中的环境符号和主张的增加最为重要。他把有关环境问题的社会运动起因的解释纳入了范围更广的社会理论,使人们得以考虑文化、政治力量的双重性质,从而既可以助长,也可以控制环境质量下降的过程,等等。[3]

环境问题本身跨越了自然科学和人文社会科学,具有很强的交叉性。环境社会学研究视角呈现出多元化的状况表明,由于各个国家社会发展的起点、路径、程度不同,以及地域差异和制度安排等因素的存在,使得其各自的环境问题表现形式及程度也不相同。为此,一些学者主张应努力采用有别于西方社会的、适合本国实际情况的新理论、新方法来研究本国环境问题,强调了理论本土化的重要性。上述理论对环境社会学研究具有重要的指导作用。

---

① 巴特尔. 建设生态文明先行区谱写美丽内蒙古新篇章[J]. 内蒙古林业,2013(04):1.
② 贝克,邓正来,沈国麟. 风险社会与中国——与德国社会学家乌尔里希·贝克的对话[J]. 社会学研究,2010,25(05):208-231+246.
③ 吉登斯,张勇伟. 释义学与社会理论[J]. 现代外国哲学社会科学文摘,1988(12):33-36.

（四）环境科学理论

环境科学的理论和方法也是环境社会学重要的理论基础之一。正是环境出现了问题,影响到了社会的发展,才产生了环境科学。因此,环境科学理论是环境社会学研究的重要源泉。环境科学对污染物在自然环境中的迁移转化规律,污染物对人体健康的危害和污染后的环境对社会经济发展的影响等问题的研究,尤其是采用自然科学方法对环境问题的分析和阐释,开辟了环境社会学对环境问题的社会形成机制和社会应对途径等方面研究的新路线。

（五）可持续发展理论

1987年,世界环境与发展委员会发表的长篇报告《我们共同的未来》,对可持续发展的概念做了明确的界定:既满足当代人的需求,又不对后代人满足其自身需求的能力构成危害的发展。这一概念在1989年联合国环境规划署(UNEP)第15届理事会通过的《关于可持续发展的声明》中得到了接受和认同。可持续发展理论鼓励经济增长,倡导资源的永续利用和生态环境保护,以谋求社会的全面进步为目标,其与环境社会学的研究目的是一致的。因此,可持续发展理论是环境社会学的重要理论基础之一。

（六）科学发展观理论

科学发展观是对社会发展客观规律的正确认识和科学把握。2003年10月,中国共产党十六届三中全会第一次明确提出了"坚持以人为本,树立全面、协调、可持续发展,促进经济社会和人的全面发展"的科学发展观,强调"按照统筹城乡发展、统筹区域发展、统筹经济社会发展、统筹人与自然和谐发展、统筹国内发展和对外开放的要求",推进改革与发展。2004年3月10日,胡锦涛同志在中央人口资源环境工作座谈会上指出:要深刻认识科学发展观对做好人口资源环境工作的重要指导意义;按照科学发展观的要求,进一步做好人口资源环境工作;加强领导,完善机制,促进经济发展和人口资源环境协调发展。2007年10月,胡锦涛同志在党的十七大报告中指出:科学发展观,第一要义是发展,核心是以人为本,基本要求是全面协调可持续,根本方法是统筹兼顾。深入贯彻落实科学发展观,要求我们始终坚持"一个中心、两个基本点"的基本路线;要求我们积极构建社会主义和谐社会;要求我们继续深化改革开放;要求我们切实加强和改进党的建设。科学发展观的提出是对社会主义现代化建设规律和发展规律认识的进一步深化,是对我国当今发展理念、发展路径所出现的重大变化的新概括。

科学发展观提出了发展理念,发展要求,指明了发展方向。如何实现科学发展,破解发展难题,提高发展质量和效益,实现又好又快发展,还需要着力把握发展规律,创新发展理念,转变发展方式,探索科学的发展模式和发展路径。构建绿色文化、实行绿色发展、推行绿色生产、倡导绿色消费、发展绿色经济、建设生态文明是实现科学发展的有效途径。

中国经济、社会、环境协调发展要以科学发展观为指导,而环境社会学的研究与应用必将发挥重要的作用。

二、环境社会学的研究视角

自邓拉普(R.E.Dunlap)和卡顿(W.R.Catton)摈弃传统社会学的分析假设,建立一种新型的生态学研究范式,确立环境社会学的地位以来,在环境社会学的研究中出现了多种不同的研究范式。

"范式"的英文原文是"paradigm",是由美国科学哲学家库恩最先提出的。"paradigm"来自希腊文,原来包含"共同显示"的意思,库恩在此基础上用来说明科学理论发展的某种规律性,即某些重大科学成就形成发展中的某种模式,因而形成一定观点和方法的框架。范式为它所支配的科学领域内的研究活动规定了标准,它指导并协调着范式内部的科学家们从事"解决难题"的活动。纵观人类社会科学发展的历史,随着社会生活的进步,许多新的科学现象需要解释,新的科学问题需要解决,当旧的研究范式无能为力甚至妨碍了这种解释和解决时,一个新的研究范式必然建立[1]。

我们认为,与其用研究范式的提法,还不如以研究视角来谈更为恰当,但是我们仍然保留了研究范式的提法。借鉴相关文献资料,综合国内外环境社会学的主要研究成果,环境社会学的研究视角主要有如下几个方面。

(一)生态学视角

1978年,美国社会学家邓拉普和卡顿在《美国社会学家》杂志第13卷上发表了一篇题为"环境社会学:一个新范式"的论文,一般被认为是环境

①江莹.环境社会学研究范式评析[J].郑州大学学报(哲学社会科学版),2005(05):39-43.

社会学出现的标志性论文。

邓拉普和卡顿等人认为,传统的社会学研究,都有一个共同的假设和前提,那就是"人类豁免主义"的解释范式。[①]这个范式认为:第一,人类在地球生物中是独一无二的,因为他们有文化;第二,文化可以几乎无限地变动,并且比生物学特征的变化快得多;第三,许多人类差异是社会引起的而非天生的,它们可以被社会改动,并且不利的差异可以消除;第四,文化积累意味着进化可以无限延续,使得所有社会问题最终都可以解决。

这也就是说,人类因为具有文化的特性,可以逃避自然的法则,免除生物性的限制。所以,对于人类社会来说,自然环境和生理原因就不是解释社会现象的主要因素。正因为这样的传统根深蒂固,所以,要想对当今出现的环境问题做出社会学的解释,就必须对这种传统社会学的理论基础进行完全的改造。他们首先提出了"新生态范式"(New Ecological Paradigm,NEP)的概念。所谓"新生态范式",是由这样几种假设组成的:

第一,虽然人类有突出的特征(文化、技术),他们依然是互相依赖地包含在全球生态系统中的众多物种之一。

第二,人类事务不仅仅受社会文化因素的影响,也受自然网络中原因、结果和反馈的错综复杂联系的影响;因而有目的的人类行为会产生许多意外后果。

第三,人类生存依赖于一个有限的生物物理环境,它给人类活动加上了潜在的限制。

第四,尽管人类的发明创造和某个方面的能力可能在一段时间内会扩展承载力的限度,但生态法则不能消除。

这种"新生态范式"与传统社会学所认为的"社会事实只能必须被其他的社会事实所解释"的信条相背离,因而形成了以环境为中心,研究社会——环境之间相互作用的新领域。在如何对社会——环境之间的互动关系进行研究的问题上,邓拉普和卡顿提出了他们的分析框架。这一分析框架,并非他们重新创造出来的,而是在"新生态范式"的指导下,对传统的PO-ET模型进行改造的基础上提出来的。

在生物学上,"生态系统"被定义为生物群落与其环境的互动。20世纪50年代,邓肯将这一概念简化并应用于人类社会的研究,其中特别强调

---

① 邓拉普,卡顿. 环境社会学:一个新范式[J]. 美国社会学家,1978(13).

了人类更多的是运用社会组织和技术以适应其环境的特点,所以,人类生态学的研究就被概念化为人口(P)、组织(O)、环境(E)和技术(T)之间相互依赖的关系,被称为POET模型或者"生态复合体"。其中,每一个要素与其他三个要素相互关联,任何一个因素的变化都会引起其他因素的变化。然而,在探讨各要素之间的关系时,人类生态学家却忽视了物理环境的因素,他们不是研究人类如何组织自己以适应一个变化的环境,而是更多地关注社会组织本身;并且,"环境"这一概念在"生态复合体"中更多地被看作是"社会的""人工的"环境,而不是物理环境,因此,虽然人类生态学家提出"生态复合体"的分析模式,但是他们却缺乏关注当代环境问题的基础。邓拉普和卡顿在对邓肯"生态复合体"进行改造的基础上,提出了他们的分析框架。

在邓肯"生态复合体"中,人口(P)、组织(O)、环境(E)和技术(T)四种要素之间相互作用,并没有特别突出环境的要素,而邓拉普和卡顿却以专门的方式,突出了环境要素,并且将"环境"的含义固定在"自然环境"或"物理环境"上。这样,原来的POET模型也就变成了"环境"(E)与其他因素——人口(P)、组织(O)和技术(T)之间关系的探究。另外,借助美国社会学家帕克在20世纪30年代提出的"社会综合体"概念,邓拉普和卡顿又将生态复合体中的"组织(O)"要素,细分为文化体系、社会体系和人格体系。这样,就形成了邓拉普和卡顿提出的有关环境—社会关系的新分析框架,即自然环境或物理环境与人口、技术、文化体系、社会体系和人格体系之间的关系。

后来,邓拉普和卡顿又在原来理论的基础上,提出了"环境的三维竞争功能"概念。

所谓"环境的三维竞争功能",是指环境对于人类来说,具有三种功能:第一,为人类和其他生物提供生活空间的功能;第二,为人类和其他生物提供生存资源的功能;第三,为废物和污染提供储存的功能。环境的某一种功能的过度使用,会导致其他功能不能正常发挥作用。比如,环境在为人类提供废物储存功能的时候,有可能影响到周围居民的正常生活,还有可能污染地下水源,这就说明,废物储存和转化功能过度使用,导致了为人类和其他生物提供生存资源和生活空间功能不能正常发挥作用。人类的影响如此巨大,有可能使之变成反功能,还会影响到环境履行所有这三种功能的能力。

虽然邓拉普和卡顿等人拓展了传统社会学的分析框架,对构成环境社会学研究支柱的假设进行了一次有益的探索,但是由于上述分析框架过于抽象,实际上并没有摆脱传统社会学的深刻影响。

(二)系统论视角

系统论研究范式是吉尔贝托·C·加洛潘、巴勃罗·古特曼和埃克托尔·马莱塔等人提出的一种环境社会学宏观研究范式。

加洛潘等人认为,应当采取系统论视角研究环境与社会之间的关系。但是,与一般系统论观点不同,加洛潘等人指出,社会—生态系统最好被看作是一套因果轮回和有待提出的问题,而不看作是一套子系统,这样做,更具有适用性和灵活性,能将要研究的变量或过程逐步组织起来,并且指导今后按不同情况将系统分解成有关的子系统。[①]环境社会学应当主要研究影响自然生态系统的一系列活动以及影响社会系统的一系列自然产生的生态效应。这一范式与其他范式相比,不再片面强调技术性的主导作用,而是纳入了较为完整的视野。社会与生态系统互动关系得到了相当程度的关注,不同的变量相互作用会带来完全不同的后果,其中也没有因承关系,完全以首先启动的变量为研究基点,继而探究其相应的因素或后果。但是,该范式声称主体上具有宏观性,但却过于被动地滞留在生态和社会两大系统范围之内,而忽略了微观层面个体的能动影响,导致了一定成分的虚无消极因素的产生,在实践中缺乏公共基础,难以具体落实。

德国社会学家尼克拉斯·卢曼研究发现,至今的人类社会经历了三种分化形式,即块状分化、等级分化和功能分化。[②]在块状分化的社会中,系统被分化为中心和边缘(比如城市是中心,农村是边缘)。在等级分化的社会中,系统被分化成不同的等级或阶层,系统的表现也与各个阶层相符合。而在功能分化的社会中,系统则表现为不同的功能子系统,每一个子系统对同一个问题的反应也是不同的。因此,要认识社会对环境问题的反应方式,就必须认识社会作为系统的基本特征。

---

① 吉尔贝托·C·加洛潘,巴勃罗·古特曼,埃克托尔·马莱塔,等. 关于全球性贫困、持久发展和环境问题的理论研究方法[J]. 国际社会科学杂志(中文版),1990(03):85-108.
② 尼克拉斯·卢曼. 风险社会学[M]. 孙一洲,译. 南宁:广西人民出版社,2020:100-101.

(三)政治经济学视角

在工业社会的市场中,中心动力就是要求持续的经济扩张。通过竞争而获得更多的利润,成为公司生存的关键,同时也是一个国家富裕强盛的关键。所以经济的不断增长是工业经济成功的标准,是企业成功和生存下去的标准,更是一个国家生存下去的标准;而经济的萎缩则有可能导致经济系统和社会的崩溃。那么,正统经济学理论和社会经济政策常规上都基于这样一个假设:无限的经济扩张是合乎众意的,是可能的,而且是必要的。竞争使得高额利润成为公司生存的关键,但每一次新的增长都要求在将来继续保持。市场经济中的企业将会本能地力图从有限的投资中榨取尽可能多的产出,为了避免积压和库存,要求消费也不断地有新的增长,以刺激生产的继续增长。大规模的生产、大规模的消费和大规模的废弃,成为维持资本主义市场经济的连环圈,这就是施耐伯格所说的"苦役踏车"概念。

我们同样也要看到,无论在社会上如何合乎某些人的意愿,经济扩张肯定会带来生态环境的破坏。经济扩张必然要求增加从环境中开采的原料,不但消耗了不可再生的资源,且常常以远远超过地球吸收污染能力的速度使用不可再生的资源。经济扩张还带来了可能超过地球吸收污染能力的环境问题。反过来说,由于经济扩张带来的环境破坏会进一步限制经济的扩张,人类想出种种办法来解决环境问题带来的对经济扩张的限制,其中最重要的就是技术手段。然而,虽然技术有可能带来更高的效率,减少对环境的影响,但是,整体消费的持续增长却抵消了技术对环境产生的积极作用。

环境问题在很大程度上是资本主义集中和集权以及资本主义国家与垄断经济部门之间的关系发生变化的结果。任何一种政治经济制度对经济增长的欲望都是强烈的,环境问题的实质并不在于政治经济制度本身。

(四)建构主义视角

一直以来,学界认为建构主义的理论框架与环境问题的研究是格格不入的。当然,对于将知识系统的塑造过程与现实世界的真实体验分割开来的做法,以及认为借此可以接触到客观世界的观点,建构主义是不接受的。因此,在传统的环境问题研究中,那些采取静态、被动研究取向的研究范式不肯承认人类主观世界的积极互动对环境的影响。

然而,如今人们已经普遍承认,现在的各种环境问题与人类活动之间的关系越来越密切,人类的生产、消费活动甚至都是各种环境问题的直接根源。这也就说明环境问题的社会建构性日益明显。我们可以这样假设:环境问题的社会建构性越强,涉及各种利益群体的主体塑造力量就越强,将人类的动态活动纳入研究视野也就更顺理成章。

汉尼根(Hannigan)对建构主义研究视角以及环境问题之建构过程的阐述最为系统。汉尼根在《环境社会学》一书的导论中指出,公众对于环境现状的关心并不直接与环境的客观状况相关,而且,公众对于环境的关心程度在不同时期并不一定一致。事实上,环境问题并不能物化自身,它们必须经由个人或组织的建构,被认为是令人担心且必须采取行动加以应对的情况时才构成问题。在这一点上,环境问题与其他社会问题并没有太大的不同。因此,从社会学的观点看,关键任务是弄清楚为什么某些特定的状况被认为是成问题的,那些呼吁者是如何唤起政治注意以求采取积极行动的。汉尼根认为,现代社会中的两个重要社会设置——科学和大众媒体,在建构环境风险、环境知识、环境危机以及对于环境问题的解决办法方面,发挥着极其重要的作用。他认为,成功地建构某种环境问题必须注意以下六个方面的因素:第一,某种环境问题必须有科学权威的支持和证实;第二,拥有科学普及者是重要的,如果没有他们的通俗普及,某些问题可能是虽然有趣但却深奥难懂;第三,预期中的环境问题必须受到媒体的注意,正是媒体使得相关的呼吁变得真实而且重要;第四,某一潜在的环境问题必须以非常醒目的符号和形象词汇加以修饰,以引起注意;第五,针对某一环境问题采取行动必须有可见的经济刺激;最后,为了使可预见的环境问题成功地参与各种呼吁(claim)的竞争,应当有制度化的赞助者,它们可以确保环境问题建构的合法性和连续性。[1]

汉尼根还倡导在环境理论前沿引入文化的概念,他强调"流动"运动,认为它与"线性运动"集中关注臭氧耗竭或全球变暖等某个特定问题不同,流动运动组成"一组讨论",来定义和重新定义大众化讨论的新领域。同时,他呼吁利用环境社会运动和宗教社会学的近期研究成果来进一步发展环境社会学的中程理论。

汉尼根的建构思想在当代无疑更具有说服力。以往的很多环境问题

①约翰·汉尼根. 环境社会学[M]. 洪大用,译. 北京:中国人民大学出版社,2009:9-10.

未能得到充分重视,不能说与研究者的研究方式毫无关系。因此,将深奥的科学原理普及开来,为广大民众所了解,并身体力行,不失为一个有效的办法。此外,现在大众媒体的影响已经渗透到了人类生活的各个方面,因此对于环境问题的建构起着至关重要的作用。

(五)社会转型视角

洪大用在综合已有研究范式的基础上,采用独特的视角重新对环境问题的研究方法进行了探讨,提出"社会转型范式",主要是针对国外环境社会学关于环境问题的各种解释范式而做出的一种创新努力。他认为,国外环境社会学关于环境问题的各种解释范式,虽然从其各自的视角看都有一定的道理,然而并不能全面解释,甚至不能正确解释当代中国的环境问题。毫无疑问,社会转型对于当代中国的环境状况是一个很有解释力的变量,当代中国环境问题必须置于社会转型的大背景下来研究。同时,也只有深入研究社会转型的过程与趋势,才能寻求较为完善的环境保护对策。[①]

2001年,洪大用在《社会变迁与环境问题》一书中,采用社会转型分析范式,密切关注特定社会结构与过程对于环境状况的影响,进一步丰富了社会运行论的内涵。他以中国为例,从社会学的角度分析当代中国环境问题的形成机制,评述环境保护的相应对策,并探讨了调整社会的发展目标,强调指出了优化社会结构的可能性和重要性,进而推及至整个世界,与以往研究相比,更具有现实意义和普遍意义。在理论层面上,他回应了当代关于社会理论与环境的最新研究,指出环境与社会的关系既有一般性,也有特殊性。在现实中表现出来的总是历史的、具体的环境与社会的关系。在社会运行的不同时期和阶段,环境与社会的关系呈现出不同的特点。他采用建构主义的方法,从国际社会、中国政府到大众传播媒介和民间环境运动,逐一阐明了它们对中国环境问题的影响与建构。他还将已有的单项环境保护策略归纳为三类:技术环保论、制度环保论和文化环保论,并采用类型学的方法对它们一一进行了评述。该范式的一个基本结论是需要通过组织创新,优化社会结构,促进社会的民主化,促进中国的环境保护。在中国当前的形势下,尤具开拓意义。[②]

①洪大用. 西方环境社会学研究[J]. 社会学研究,1999(02):85-98.
②洪大用. 社会变迁与环境问题[M]. 北京:首都师范大学出版社,2001:100-101.

长期以来,我国的环境保护工作一直是"政府主导型"的,随着改革开放的日趋深入和市场经济体制的逐步确立以及可持续发展战略的提出,让政府从包办一切社会事务的困境中解脱出来,转变政府职能,大力促进环境保护"第三部门"的发展,从而唤起公众的凝聚力,共同投身到环境的保护工作中去,已经是箭在弦上、势在必行的一项重要任务。社会转型范式的独特性是显而易见的,它全面而深入地剖析了当代中国所存在的环境问题,明确界定了当前的阶段性特点,探讨了处于社会转型过程中(这一转型在广泛概念上具有全球性的普遍意义)的中国应该做的具体努力与策略。但是,社会转型范式对生产方式、生活方式的转变与环境的相互作用关系等方面的论述仍显不足。

(六)整合性研究视角

整合性研究范式(Integrated Research Paradigm,IRP)是汉纳·布伦科特(Hannah Brenkert)等人响应迪茨(Dietz)和罗莎(Rosa)在2002年的呼吁应运而生的,他们希望在环境社会学领域里能够有一个具有广泛意义的理论框架来指导研究。

将环境社会学的研究范畴分为三部分:一是生物物理子系统,这是有关自然物质现象方面的;二是宏观社会子系统,这是有关比较整体化的社会框架;三是微观社会子系统,这是具体到个体行动者自身所拥有的心理框架。其目的就是要充分体现出生物物理子系统、宏观社会子系统和微观社会子系统三者之间的互动关系。

IRP的最大特点和最大贡献就是将生物物理层面与社会层面放在一起研究,将个体、社会、环境纳入一个系统研究。这个"系统"是一种概念化于大脑的抽象体,具有完全封闭、自给自足的特点。系统与它所代表的客观对象相比,在复杂性方面已经大大降低。系统的属性之一就是有下属子系统。IRP作为一个系统,具有三个子系统:生物物理子系统、宏观层面子系统、微观层面子系统,子系统之间相对独立又相互联系,通过这些联系来处理系统自身复杂性带来的问题。

就三个子系统的关系而言,子系统被机械地分割开来,好像是一个个彼此独立的结构,其实它们之间存在着很大的关联性。一个子系统是由网络构成的,这些网络其实也就是子系统里面更小的子系统。子系统也各有各的不同组成部分,各自都是一个独立存在的整体,而且子系统之间的联系也随时会变化,并不固定。总体上说,这三个子系统不是彼此分立的,怎么确定三者的界限,怎样描述三个子系统,还是取决于具体研究的切入点,而这些是可以根据需要调整的。子系统并不能仅仅被看作是对具体现象的分类,不管分得多么精确,它们都只是实际研究需要的产物而已。

就三个子系统的互动关系而言,存在九种关系组合。这九种关系正折射出IRP所强调的三个子系统之间的多维度、多层面互动结果。在代表这九种关系的九个参数中,每一个都可能作为"始因素"(input),对其他所有参数产生相应的影响,也就带来与之具有因果关系的"终因素"(out-put)。需要注意的是,同一个始因素会在同一个系统内部带来终因素,这一现象称之为连环反弹现象。例如,雨水过多导致土壤侵蚀,土壤侵蚀又导致土壤生产力下降,而这一系列过程都是发生在生物物理子系统内部的。如果调查耕种手段对土壤生产力的影响,那么耕种手段就要被视为一个宏观社会性子系统里的始因素,引发的土壤侵蚀就是生物物理子系统里的终因素了。这一过程是子系统之间互动的结果。

虽然任何一个环境问题研究都不太可能涵盖上述的九种关系,然而这种整合性的视野对于环境社会学研究显然是不可或缺的。

(七)社会运行论视角

郑杭生从社会运行论视角论述了环境与社会的关系。他指出:从社会运行论的角度看,当前我国的环境—社会关系已严重威胁到社会的良性运行和协调发展。为缓解这种威胁,应反思社会的运行机制,着眼于调整和改进社会运行机制。[①]

环境社会学经过30余年的学科发展,虽然取得了长足的理论进步,但并不意味着环境社会学的理论发展已经尽善尽美。毕竟,作为一门新生的学科,其自身发展的历史还较短,尤其在中国才刚刚起步,还存在很多的问题需要我们从多种视角去探究。

三、环境社会学理论体系的特色

经过学者们的不懈努力,环境社会学的理论体系已初步构建,并形成了下述的特色。

---

① 郑杭生. 社会建设的前沿理论研究——社会建设问题的社会学思考[J]. 武汉科技大学学报(社会科学版),2009,11(04):1-5.

第一是全方位的描述。人类社会经济发展经历了不同的阶段,在每个阶段中,环境与社会的关系及其影响是不同的。对农业文明时期环境问题的起源,工业文明时期环境问题的突变和加剧,以及环境问题的预测做出不同的描述,可以给我们认识和应对环境问题以启迪。在不同的发展阶段,人们对环境问题的认识和持有的观念也是不同的。从人类畏惧自然到人类征服自然,再到人类善待自然;从稀释废物可以处理环境污染到利用环境技术治理环境污染,再到预防环境污染理念的形成,这种描述有助于我们说明环境社会学研究对象的表象特征。

第二是跨学科的解释。不同时代、环境与社会相互关系的变化有着重大差别,人类已先后经历了环境制约社会经济发展、社会经济发展改变环境、环境与社会经济发展的逐渐协调三个阶段。不同历史时期环境社会学的理性探索和实践活动的关系也有重大差别,先是实践推动了理性,当认识到稀释废物不能较好地处理环境污染时,人类开始研发相应的环境污染治理技术;后是理性推动了实践,当认识到仅靠污染治理技术不能较好地应对环境问题时,社会科学工作者将环境问题纳入自己的研究范畴,自然科学工作者与社会科学工作者联手研究环境问题成为必然。

第三是综合性的视角。如生态学视角、经济学视角、社会转型视角、社会运行视角等,只是现实领域的一部分,虚拟(网络)领域的环境问题也需要我们去关注和探究,因为虚拟世界本身是现实世界的一个重要组成部分。对环境问题的研究,不仅要分析不同时代的发展模式,还要分析同一时代的不同发展模式;不仅要研究已经产生了的环境问题,还要研究即将产生或可能产生的环境问题。特别是要以客观性、整体性、全局性的眼光来研究环境问题,从而推动社会变革和社会建设,在社会建设中保护环境,同时在保护环境中促进社会和谐发展。

第三节 环境社会学的学科定位和特点

没有学科地位的确立,就难以取得学科的规范和发展。自环境社会学诞生以来,由于人们对环境认识的不同,导致了对环境社会学的学科定位存在差异,也就相应地形成了不同的环境社会学学科定位,而学科定位的不同预示着研究领域的不同,为了环境社会学的健康发展,讨论学科定位问题就显得十分重要。

一、环境社会学的学科定位

环境社会学自20世纪90年代传到中国以来,美日学者关于环境社会学学科定位的观点,对中国影响甚深,20多年来我国的相关学术活动多限于译介西方学理,实证研究不多,理论建设更少,中国的环境社会学依然是"弱势学科"。

总体而言,中国环境社会学学界在学科定位方面,主要接受西方学者的观点[1]。

一是关系论。如美国环境社会学家施耐伯格、邓拉普等人认为,环境社会学是研究社会与环境之间关系的学问。

二是影响论。典型阐述者为日本知名学者饭岛伸子。她指出,环境社会学是研究环境的变化带给人类社会生活的影响、作用以及人类社会对环境造成的影响及反作用的一门学问;后来她又补充说,环境社会学是基于社会学的方法、观点、理论来讨论物理的、自然的、化学的环境与人类生活和社会之间的相互关系,尤其是环境的变化带给人类社会生活的影响、作用以及人类社会对环境造成的影响即反作用的一门学问。[2]

"环境""社会"这两个名词本身的含义都非常复杂,弄清环境社会学与相似学科区别的任务也十分紧迫。

目前,关于环境社会学的学科定位主要有以下几种描述。

有人认为,环境社会学首先是一个社会学的分支学科,它不是交叉学科,它的方法论基础在于社会学的方法论基础,不是自然科学的方法论基础,而方法论并不是脱离本体论而独立存在的;其次,环境社会学对环境与社会关系的研究所揭示的只是这个关系的某些层面,而不是二者关系的全部,环境社会学恰恰是通过对这个关系特定层面的解释来理解社会、理解社会与环境的关系,并进一步揭示环境问题背后的深层社会原因;第三,对环境与社会关系的研究不仅有环境社会学的研究,还有生态学、经

①潘敏.论当代转型时期环境社会学的学科定位[J].郧阳师范高等专科学校学报,2006(05):66-70.
②饭岛伸子.环境社会学[M].北京:社会科学文献出版社,1999:80-81.

济学、政治学、伦理学等多学科、多范式的研究,环境社会学研究只是以社会学的理论视角开展的一种研究范式而已,对于环境与社会关系的全面揭示需要多学科、多维度的努力,环境社会学不能也无法独立承担这一任务。

有人认为,环境社会学应始终围绕"社会学的分支学科与环境科学基础学科"开展研究。鉴于环境社会学的主要研究对象显然是次生环境问题,可以简要地归纳为以下三个基本方面。

第一,环境问题的社会根源或导致环境问题的社会事实。应当把"社会根源"与自然根源区分开来,后者造成的是原生环境问题。为了防止将环境社会学与环境科学混淆,重点要把它与作为"自然事实"的科技根源划分清楚。环境社会学不是研究某些科技本身与环境问题之间的联系,而是研究这些科技如何与社会因素结合起来产生了影响。

第二,环境问题的社会影响或环境问题导致的社会事实。环境问题对社会的影响,既包括对人体与动物的生物性影响(如污染物的"三致性"),对人类生活与生产所依赖的环境质量的生态性、物理性与化学性危害(如生态失衡、污染加剧),也包括社会性的后果,即社会事实。环境社会学要揭示的是环境问题产生了哪些社会事实。比如,环境形势之严峻导致环境意识的增强和环境价值观的形成,"绿色NGO(非政府组织)"的发展壮大,"绿党的诞生""环境正义""绿色政治外交"等社会现象的繁衍等。

第三,环境问题的社会应对。这是前两个方面的逻辑继续,即指为了消除环境问题的社会根源、弱化环境问题的不良社会影响而提出的社会对策。环境社会学在环境科学学科体系中的基础性地位突出地表现在它涵盖了应用环境学中的环境经济学、环境法学、环境管理学等社会科学性质的学科。后者实际上是环境社会学在对策领域的具体展开,是前者学术价值的具体体现,它们互相支持、互为因果。与此同时,环境社会学所具有的社会学特征——综合性与整体性等也在这里得到了充分体现。

环境社会学对自身学科定位的问题,反映了其自身在对环境与社会关系和影响研究中研究视角的定位差异。

我们认为,环境社会学首先是一门交叉学科,是社会学和环境科学的分支学科,是环境科学与社会学等多门学科交叉渗透的产物,内容涉及自然科学与人文社会科学两大领域。环境社会学的产生和发展,反映了当代自然科学与人文社会科学综合统一的研究趋势,反映了对自然环境与社会发展研究采用的是跨学科综合性研究思想。环境社会学也是一门应用学科,但它不是一般的微观应用,而是根据自然发展规律、经济发展规律和社会发展规律,并将这些规律有机结合起来,在自然环境与社会环境、人自身环境组成的这一整体中,认识环境问题,应对环境问题,从而促进人类社会与自然环境的协调发展。

二、环境社会学的主要特点

环境社会学作为一门交叉学科和应用学科,有其自身的特点,主要表现为客观性、综合性、应用性。

(一)客观性

世界上的事物、现象千差万别,它们都有各自的、互不相同的规律,但就其根本内容来说可分为自然规律、社会规律和思维规律。自然规律和社会规律都是客观的物质世界规律,它们的表现形式有所不同。自然规律是在自然界各种不自觉的、盲目的动力相互作用中表现出来的;社会规律则必须通过人们的自觉活动表现出来;思维规律是人的主观的思维形式对物质世界的客观规律的反映,人的心理现象也是受外界条件制约的,是在各种实践活动中表现出来的。当下环境问题的产生,正是由于人们不按照客观规律办事,才受到了客观规律的惩罚。环境社会学研究要认识或发现客观规律,借助于定量和定性的工具手段,把研究对象还原为可度量的事实,并用这种认识指导实践,即应用客观规律来改造自然,改造社会,为社会谋福利。

(二)综合性

环境社会学的综合性表现在两个方面:第一,在研究内容上,环境社会学涉及社会科学、自然科学与人文科学,这就要求环境社会学从环境社会系统的整体性出发,研究环境与社会在各个侧面、各个层次形成的综合关系,而不是研究单纯的环境问题或单纯的社会问题。环境社会学在研究任何一个环境问题的产生、发展以及应对途径的时候,总是要联系各种有关的自然环境因素、社会因素和人自身的因素来加以综合考察。例如,在研究某一地区的公害事件时,既要研究这一地区的自然地理状况,也要考察这一地区的社会制度、经济发展、文化背景、人的素质、民俗习惯等方面的因素。第二,在研究方法上,环境社会学需要综合运用社会学、环境科学、生态学、经济学等多种学科的理论与方法,对自然环境与人类社会关系进行跨学科的综合研究,即从环境与社会的全局出发,才能揭示环境与社会问题的本质,才能找到应对环境问题的有效途径。

(三)应用性

环境社会学是一门应用性很强的学科,从其产生、发展的过程来看,正是由于人类社会与自然环境之间的矛盾不断深化,生态环境日益恶化,才会出现对人类社会与自然环境之间关系及影响的研究,才会产生和发展环境社会学。环境社会学的研究成果又会在人类处理与自然环境关系的问题上发挥指导作用。环境社会学既具有理论性,又具有实践性。它着眼于全球及本土环境问题的应对,为遏制环境进一步恶化、改善现实环境状况提供理论依据与指导,所以环境社会学具有鲜明的实践性和应用价值。

三、环境社会学与其他学科的关系

科学本身是内在的整体,任何学科之间都存在内在的联系。环境社会学作为社会学的一个分支学科,它与社会学其他分支学科之间有着密切的联系,如社会学、城乡社会学、人口社会学、文化社会学、发展社会学等;环境社会学作为环境科学的一个分支学科,它与环境科学其他分支学科之间有着一定的关系,如与环境学、环境管理学、环境经济学、环境法学、环境哲学和环境伦理学等也有着密切的关系。下面以环境社会学与城乡社会学、人口社会学的关系为例。

(一)环境社会学与城乡社会学的关系

城乡社会学是城市社会学与农村社会学的合称,城市社会学以城市如何成长和衰落、如何建构和运行、如何赋予社会生活以意义以及城市发展趋势等基本问题构成了城市社会学讨论的中心问题;而农村社会学是研究农村的社会结构特征、农村的基本制度框架及实际运作方式、社会变迁过程及发展规律的分支学科。城乡社会学也将环境以及环境问题作为其研究内容之一,但它们关注局部性的环境和环境问题;城市社会学关注城市环境问题,农村社会学关注农村环境问题。城市和农村的环境问题同样是环境社会学关注的主要内容,但是环境社会学与城乡社会学的区别在于透视问题的基本视角、研究对象的侧重点、研究重点等方面有所不同。

（二）环境社会学与人口社会学的关系

人口社会学是研究人口发展与社会变迁的关系及其相互影响的学科。人口社会学是社会学和人口学两者相互交融的边缘学科，是社会学的分支学科，也是人口学的分支学科。它从社会变量和人口变量的相互关系中，探讨社会发展对人口变化过程的影响，研究人口变化给社会发展带来的后果。作为社会学的分支学科，人口社会学和环境社会学一样，它们都将社会文化、经济、发展等方面的内容作为其研究要素，但它们选择研究的结合点截然不同。人口社会学讨论人口与社会的相互作用关系，而环境社会学则是要探讨环境与社会的相互作用关系。但同时，人口与环境之间存在着紧密的联系，所以人口社会学会涉及人的环境意识等方面的内容，而环境社会学则将环境与人口的关系作为其研究内容之一，这充分体现了两者作为交叉学科的综合性特点。

第二章 环境社会学的相关理论

第一节 古典社会学关于环境问题的理论阐释

古典社会学家对人类和自然环境的关系有一系列论述,相关的理论内容值得深入挖掘与分析,也成为当代环境社会学理论的重要思想来源。古典社会学家对环境问题进行了细致深入的分析,把环境问题作为社会问题来进行分析与研究,促使环境社会学理论在历史上就埋下了思想的种子。

一、古典马克思主义对环境问题的理论阐释

马克思虽然没有系统地论述环境问题,但在分析资本主义社会结构中涉及资本主义发展所导致的各类负面环境问题。早在1844年完成的《经济学哲学手稿》中,马克思就提出了自然是人的"无机的身体"的著名论断,强调人无论是在物质生活方面还是精神生活方面都须臾不可离开自然,人与自然呈现为密不可分的一体化关系。[①]在《自然辩证法》中,恩格斯阐明了劳动在从猿到人转变过程中的决定性作用,以人与自然的关系主体,提出了一系列重要观点:一是与动物只是消极地适应自然根本不同,人则通过劳动改变自然来维持生存、实现发展。二是人类通过劳动改造自然不能只注重短期效益,而是要在遵循自然规律的基础上把短期利益和长远利益统一起来,否则就会遭受自然的报复。恩格斯明确指出:"我们不要过分陶醉于我们对自然界的胜利。对于每一次胜利,起初确实取得了我们预期的结果,但是往后和再往后却发生完全不同的出乎预料的影响,常常把最初的结果又消除了。[②]"三是要做到遵循自然规律,合理控制和调节人与自然之间的关系,仅仅只有正确的认识是不够的,必须彻底变革迄今

---

① 卡尔·马克思.1844年经济学哲学手稿[M].中共中央马克思恩格斯列宁斯大林著作编译局.北京:人民出版社,2018:90-90.

② 恩格斯. 自然辩证法[M]. 郑易里,译. 北京:生活·读书·新知三联书店, 1950:78-79.

为止的生产方式和社会制度,因为到目前为止的一切生产方式,都仅仅以取得劳动的最近的、最直接的效益为目的。①

对于"不要过分陶醉于我们对自然界的胜利"的告诫,是针对资本主义生产关系引发的自然损害和环境污染问题。随着科学技术的不断进步,人与自然的关系也发生了较大的转变,尤其是资本主义生产关系将追求资本利润的无限制增长作为唯一目的,更是加剧了对自然的盲目开发和攫取,因为要想使资本增值,就得以自然资源为基础。随着人类对自然界的征服,各类自然报复也随之开始了,全球许多地方出现的森林消失、水土流失、沙漠扩大、江河枯竭、空气污染、气温上升等现象,严重威胁到了人类的生存和发展。马克思理论中包含了"代谢断裂"的思想。马克思对资本主义农业发展的批评必须与当时以大量使用化肥和杀虫剂为特征的第二次农业革命联系起来。"代谢断裂"不是生物体内的新陈代谢变化的过程,而是人和自然之间的物质变换的过程。随着资本主义生产关系的影响,全社会都出现了代谢断裂的问题。从外部表现来分析就是各种生态危机和环境污染,就其根本原因来看就是资本主义生产方式对土地的剥削。

在此基础上,马克思进一步强调了需要维持地球满足人类时代发展的必要性。马克思写道:"在这两个形式上,对地力的榨取和滥用代替了对土地这个人类世世代代共同的永久的财产,即他们不能出让的生存条件和再生产条件所进行的自觉的合理的经营。"②在某种意义上马克思认为人与自然之间就是形成了一种动态变化的代谢关系,随着人与自然之间的物质和能量的循环变化,以此来更好地实现人与自然之间的协调有序。但是,人类并不能随心所欲地改变与自然的关系,如果人类的行为严重干扰自然界,就会出现代谢断裂的问题。

二、韦伯对环境问题的理论阐释

产业革命促进了英国等一些先发国家培育了新兴的资产阶级,他们与新贵族联合推翻了封建专制统治,确立了资本主义制度。反过来,这一新兴的社会制度又大大促进了产业革命向纵深发展。工业化不仅提高了人

①弗里德里希·恩格斯. 自然辩证法[M]. 中共中央马克思恩格斯列宁斯大林著作编译局. 北京:人民出版社,2018:100-101.
②马克思. 资本论:第三卷[M]. 中共中央马克思恩格斯列宁斯大林著作编译局. 北京:人民出版社,2004:918.

类的物质生活水平和改造世界的能力,同时也给生态环境带来了致命的打击,有必要对背后的思想原因进行分析。

韦伯对资本主义的产生提出了新教伦理的学说,新教改变了原有的宗教中职员和教会作为上帝与个人沟通这一中介,认为人人都可以直接与上帝对话,是否能成为上帝的选民只能靠自己的世俗业绩来证明。这一论述暗含着上帝面前人与人之间平等的话语,与霍布斯、洛克、卢梭等古典自然学派大家人生而平等的思想一脉相承,这样人类追求世俗的物质利益也就获得了合法性的基础。[①]

在韦伯的新教伦理主义精神的基础上,生态中心主义者将人与人的平等关系,进一步扩展到人与自然之间的关系。生态中心主义者将人视为生物圈中的平等成员,人类与其他生物都有其存在和发展的固有"内在价值",每一主体生存发展的命运只能从其自身寻找解释,而非由与其他生物的关系决定。生态中心主义强调自然万物都拥有固有的内在价值,每一主体都有自身的意识,享有与人类平等的权利和地位,作为自然界存在的相互联系的一部分。生态中心主义是自宗教改革以来人类思想史上又一次伟大的革命,将新教伦理中人与人权利平等的思想推广到了整个自然界。

此外,韦伯提出的"祛魅"的概念,即随着工业资本主义社会的诞生,整个生活模式的理性化不断加强,原有和自然之间的紧密关系也在不断弱化。传统社会的有机原材料和劳动力被无机的原材料和生产方式所替代。

三、涂尔干对环境问题的理论阐释

按照涂尔干的理解,决定社会演进的原因存在于个人之外,也就是说存在于个人所处的生活环境之中,同样,社会之所以发生变化,主要是外部环境发生了改变。从涂尔干的研究中可以看出,此处所讲的环境更多的是社会环境,但他也认识到外部物质环境对社会环境的影响。社会环境与物质环境是紧密联系在一起的,脱离了物质环境来分析社会机制存在着片面性。

涂尔干从自然和社会的关系入手,把整个社会的发展阶段分为了机械团结社会和有机团结社会。所谓的机械团结社会,是指在那里社会成员有

---

①马克斯·韦伯.新教伦理与资本主义精神[M].阎克文,译.上海:上海人民出版社,2018:100-101.

着相似的经历和共同的经验,社会分工程度低。所谓的有机团结社会,是指在那里社会分工程度高,个人异质性强。随着人口密度的增加和资源稀缺导致争夺的激烈,是有机团结社会产生复杂社会分工的重要前提。如果说,随着社会容量和社会密度的增加,劳动逐渐产生了分化,这并不是因为外界环境发生了更多的变化,而是因为人类的生存竞争变得更加残酷。可见,外部物质环境对社会环境有着重要影响,直接对社会分工有着推动作用。①

第二节 当代国外环境社会学的理论研究

一、当代美国环境社会学理论流派

美国环境社会学在发展过程中经历了几个重要时间节点:①1973年至1974年的能源危机,引发了各学科对资源环境问题的关注,早期环境社会学以研究资源短缺为重点,同时开始关注区域性环境污染问题;②1981年至1989年里根执政期间,社会思潮转向,环境意识淡化,环境社会学步入低潮;③1992年《21世纪议程》后重提可持续发展,环境社会学步入稳定发展期,以研究生态环境变量与社会运动、公众态度、阶层、种族、社会政策等的关系为主要内容。

(一)新生态范式理论

面对一系列的环境危机,邓拉普和卡顿开始反思传统社会学研究范式所存在的问题和不足,提出了新生态范式理论。古典和当代社会学理论存在着人类中心主义的世界观,他们把这个世界观称作人类豁免主义范式。该范式认为:第一,人类在地球生物中是独一无二的,因为他们有文化;第二,文化可以无限地变动,而且比生物学特征变化快得多;第三,许多人类差异是社会引入而非天生的,它们可以被社会改造,而且不利的差异可以被消除;第四,文化积累意味着进化可以无限地进行,这使得所有社会问

---

①埃米尔·涂尔干. 社会分工论[M]. 渠敬东,译. 北京:生活·读书·新知三联书店,2017:121-122.

题最终都可以得到解决。①基于上述范式的影响,使得主流社会学家没有认识到环境问题的重要性,而且也乐观地接受了西方主流世界观所认为的无限增长,人类不会受到自然资源稀缺性和其他生态方式的限制的观点。

新生态范式具有不同于人类豁免主义范式的假设和观点。首先,新生态范式认为尽管人类有着独特的属性,包括文化、技术等,但他们仍然属于地球生态系统的众多物种的一支;其次,人类事务不仅受到社会和文化因素的影响,而且也和自然有着复杂的因果和反馈的关系;再次,人类相互生存于有限的生态环境中,这些生态环境反过来制约着人类事务;最后,它假设了尽管人类有着独特创造力和其得到的能力在一定时间内能够扩展承载力的限定,但是生态规律还是不能违背的。

邓拉普和卡顿从功能主义的角度分析了环境对社会的功能,认为环境对于人类来说具有三种功能:一是为人类和其他生物提供生活空间的功能;二是为人类和其他生物提供生存资源的功能;三是为废物和污染提供储存场所的功能。环境的这三种功能之间是"竞争"关系,即环境的某一种功能的过度使用,会导致其他功能不能正常发挥作用,比如,环境在为人类提供废物储存功能的时候,有可能影响到周围居民的正常生活,还有可能污染地下水源。这就说明,废物储存和转化功能过度使用,导致了为人类和其他生物提供生存和生活空间的功能不能正常发挥作用。人类的影响如此巨大,有可能使之变成反功能,还会影响到环境履行所有功能的能力。

(二)生产跑步机理论

从20世纪70年代以来,美国社会遭遇到了前所未有的各种经济危机、政治危机、生态危机等。在这种背景之下,美国社会学者施耐博格等在20世纪80年代初提出了"生产跑步机"理论,用政治经济学的范式来分析各类生态环境问题产生的深层次社会原因。

施耐博格与他的同事认为,美国战后的生产体系将会从两个基础方面改变生产与环境之间的关系。

现代的工厂需要更多的原材料与燃料的输入。现代的工厂是资本密集型,因此需要更多的能源投入来运行各类机器。与此同时,机器被设计

---

① 卢春天. 美欧环境社会学理论比较分析与展望[J]. 学习与探索,2017(07):34-40+190.

成更高的生产效率,需要更多的原材料投入。这种生态系统的弊端就是对生态系统的依赖性进一步加强,需要更多的自然资源投入,进而会导致更多的环境问题与资源消耗。

现代工厂在生产过程中使用更多的化学物质。在现代工厂中,使用各种新式的、高效的能源化学密集型技术来实现原材料到成品的转化。工人需要花费更多的精力来管理能源与化学流,引入各种复杂的机器来创造市场需要的产品。这些特征导致了第二个环境问题——污染,也将会对生态系统造成影响。在这种现代生产体系中,经济发展与政治背景之间有着比较紧密的联系。

不同的利益群体在整个生产体系中所承担的功能与扮演的角色有着较大程度上的差别。首先,从企业经营者的角度来看,为了获得更多的经济利润,企业在进行现代化生产过程中会不断地加大投资,提高技术的能力,使得机械化水平越来越高,扩大再生产的能力也随之提高,这将在一定程度上增加原材料与能源的投入,导致更为严重的生态环境问题。其次,从政府的角度来看,由于各种基础设施建设与国家福利保障的需要,政府需要更多的经费来实现这些目的,所以需要仰赖于企业生产所上缴的各类税费,这在一定程度上使得企业能够"绑架"政府。在生态环境领域中就容易出现"政府失灵"的现象。最后,从工人与公众的角度来分析,随着企业机械化程度的不断提升,工人的失业率逐渐升高,与此同时,在企业中的话语权也随着技术、资本密集型投入的增加而不断降低,往往容易导致企业经营者对工人权利的约束。因此,在企业经营者与政府这两者政经联盟的强势力量面前,工人与公众的整体实力大大降低,难以直接对抗这两者的力量。正是这种不同利益相关者在整个资本主义生产体系中所扮演的不同角色发挥出不同的作用,使得在现代资本主义社会中工人阶层(阶级)与企业、政府阶层(阶级)在一定程度上存在着直接对抗的势力。

从对"生产跑步机"理论的阐述来看,在企业、政府与工人不同角色之间的博弈与斗争,进而导致了该理论呈现出一种激进主义的特征,在资本主义市场经济制度下表现得更为明显。

1.政府缩减了相关的环境政策

随着在资本主义社会中政经联盟的建立,政府与企业之间的关系始终是利益紧密相关,企业在追求利润的过程中需要政府相关政策的庇护,而政府也需要大量的财政与税费来满足各类基础设施建设与公共福利的保障工作的开展。在这种利益集团内部,由于企业经营者的影响,政府的有关环境政策往往会受到限制,难以顺利地推广较为严格的环境举措。①

2."跑步机"理论是一种社会组织的模型

通过"跑步机"理论的基本内容分析与阐述,我们可以比较清楚地了解到在资本主义市场经济制度下,不同的利益主体之间内在的关联与社会关系,这就需要我们不断地去理顺各种主体之间的作用逻辑。在该理论中,以新马克思主义理论为指导的精神内核得到了极大的体现,不同阶级(阶层)之间的结构关系表现得极为明显,有助于理解不同阶级(阶层)之间的对立、合作与博弈关系。②

3.分配方式导致了"跑步机"理论的全球化

随着经济全球化步伐的加速迈进,"跑步机"理论也随之从发达资本主义国家蔓延到了其他发展中国家。这类组织关系通过全球化的作用,把各种生产机制转移到了发展中国家,尤其是把企业生产的最初环节搬迁到了各类生产技术水平较为低端的国家,通过使用各种跨国公司等手段,消耗发展中国家的大量原材料与能源,并在生产过程中把污染物排放到这些国家,导致严重的生态环境问题。③

"生产跑步机"不只是我们必须面对的一种外在压力,它也来自我们的内在需求。在一定程度上,我们大部分人实际上都想努力工作,尽管有可能我们的努力根本就达不到"生产跑步机"的要求。④正是在内外两种压力的共同作用之下,"生产跑步机"的速度也在不断加快,进一步造成各种资

---

①Gould,Kenneth A,Weinberg,Adam S. and Allan Schnaiberg(1995),Natural Resource Use in a Transational Treadmill:International Agreements,National Citizenship Practices,and Sustainable Development,Humboldt Journal of Social Relations,Vol.21,No.1,61-93.

②Gould,Kenneth A,Weinberg,Adam S. and Allan Schnaiberg(1996),Local Environmental Struggles:Citizen Activism in the Treadmill of Production,New York:Cambridge University Press.

③Allan Schnaiberg,David N. Pellow,Adam Weinberg(2002),The treadmill of production and the environmental state,in Arthur P. J. Mol,Frederick H. Buttel(ed.)The Environmental State Under Pressure(Research in Social Problems and Public Policy,Volume 10)Emerald Group Publishing Limited,pp.15-32.

④迈克尔•贝尔,环境社会学的邀请[M]. 昌敦虎,译. 北京:北京大学出版社,2010:87.

源与能源的使用量在不断增长,对自然界资源的消耗程度更加迅速。

从施耐博格的"生产跑步机"理论的阐述来分析,阶级对抗具有一定的激进主义色彩的体现,是一种新马克思主义在生态环境领域中的理论体现与具体运用。的斗争局势是马克思主义理论中资本家与工人阶级之间利益对抗的体现,两者之间的矛盾与冲突会伴随着资本家为追求更多的利益而不断剥削工人阶级的状况愈演愈烈,最终导致工人阶级起来反抗资本家阶级,且从马克思的理论中我们已经知道工人阶级最终将取得胜利,成功推翻资本家阶级。"生产跑步机"理论中应对生态环境问题的最终策略也是通过工人阶级的自我觉醒,来反抗企业经营者和政府联盟,完全打破现有的资本主义社会的体制机制,从而建立起一套完全不同的社会机制,才能够完全避免生态环境问题的继续恶化与蔓延。"生产跑步机"理论一直强调的唯一路径或者是最有希望的路径是从草根,从底部,从被系统排除在外的、边缘化的、无所依托的这部分群体着眼。因为他们没有什么可以失去的,但是却可以获得很多。同时,他们在系统中的投资也是最少的,因为他们从跑步机中得到的利益是最少的。

(三)环境建构主义理论

按照涂尔干的理解,社会事实只能用社会事实来解释,这使得归属于自然的因素被排除在外。随着环境问题研究的深入,从建构主义视角来分析和研究环境问题已成为今天环境社会学研究中的一个引人注目的方向。

环境社会学家巴特尔及其同事最早提出了环境建构主义,采用科学社会学的社会建构视角,分析全球环境变迁的出现,并提出环境社会学关于这一问题的研究纲领,强调"解构"的重要性。从建构主义的视角来看,需要研究环境问题的问题化过程,也就是说,环境问题早已存在,但是只是到了特定的时候才引起全社会的重视。

环境社会学家约翰·汉尼根以建构主义视角对环境问题建构做出了较为系统的阐述。建构主义者承认环境问题的客观性和真实性,但是他们认为环境社会学家的中心任务并不是为这些环境问题的客观性和真实性做出证明,而是要揭示这些问题是某种动态定义、协商和合法化等社会过程的产物[①]。

---

①汉尼根. 环境社会学(第二版)[M]. 洪大用等,译. 北京:中国人民大学出版社,2009:序言。

汉尼根认为环境问题的社会建构包括三项关键任务:环境主张的集成、环境主张的表达、竞争环境主张。在研究环境主张起源的时候,研究者必须关注这些主张来自何处、由谁操持、主张提出者代表谁的经济和政治利益,以及主张提出过程带来什么样的资源。在环境主张表达的时候,问题的经营者既要吸引公众的注意力,又要合法化他们的主张,而且科学发现和证明本身并不足以推动一个环境问题获得合法性。为了使竞争环境主张得到实质性的行动,主张者要不间断地进行抗争,以寻求实现法律和政治上的变革。

从环境问题的成功建构方面入手,需要识别出以下六个必要条件。

第一,一个环境问题的主张必须有科学权威的支持和证实。科学可能是环境运动的一个"不可靠朋友",但如果没有来自物理科学和生命科学的坚实数据的支持,一种环境状况根本不可能成功地转化为一个环境问题。在新出现的全球性环境问题中更是如此,它们的存在依赖于新的科学建构。

第二,对环境问题的建构,十分关键的是要有一个或更多的"科学普及者",他(她)们能将神秘而深奥的科学研究转化为能打动人心的环境主张。某些时候,这些科学普及者本身就是科学家,还有一些时候,科学普及者是活跃的作家,他们的科学知识来自二手资料。无论这些科学普及者的身份是什么,他们都扮演着经营者的角色,重新包装环境主张以吸引编辑、记者、政治领袖和其他意见倡导者的认同。

第三,一个有前途的环境问题必须受到媒体的关注,在媒体报道中,相关的主张要被塑造得既真实又重要。许多当代问题就是这样获得成功的,如臭氧稀薄、生物多样性损失、雨林毁坏、全球变暖等。相反,一些本来很重要的环境问题没能引起公众的充分注意就是因为他们被认为没有特别的新闻价值。例如,有些城市污水缺乏处理的问题,相比于其他环境问题就很少被报道,容易被排除在公众视野范围之外。

第四,一个潜在的环境问题必须采用非常形象化和视觉化的形式生动地表达出来。以前臭氧稀薄并没有引起公众的广泛注意,直到臭氧浓度下降被图绘成南极上空的一个洞。同样,只有在绿色和平组织和其他环境团体展出一些摄于温哥华岛上——这个地区被称为"北部的巴西"——令人震撼的"砍光光"的图片时,大林业公司肆意砍伐森林的行为才引起国际性众怒。这样的图片提供了一种认知环境主张的捷径,将复杂的讨论压缩为容易被公众理解且具有伦理刺激性的观点。

第五,对环境问题采取行动必须要有看得见的经济收益。例如,为遏制生物多样性损失而采取的大量行动就与一项主张有很大关系,该主张声称,热带雨林中包含着大量未开发的医药财富,如果不制止生物多样性的损失,这些财富将永远消失。但同时,一项环境主张蕴含的经济刺激可能只是对一个群体有利,而会给其他群体造成损失,这会激起强烈的反对。

第六,对于有前途的环境问题来说,要想充分而成功地抗争,应当有制度化的支持者,以确保环境问题建构的合法性和持续性。一旦环境问题进入政策议程和法律程序,这一点就显得尤其重要。在国际上,从与联合国有关的机构和非政府组织所扮演的重要角色中就可以看出这一点。

(四)环境正义论

环境正义一直以来都是环境社会学领域重点关注的议题,成为当前经济社会发展以来一个逐渐被关注的话题。随着人类与自然环境互动的加深,自然资源及环境污染风险在社会成员中的不平等分配问题逐渐引起了社会学家的广泛关注。20世纪80年代美国的北卡罗来纳州沃伦郡抗议化学废弃物填埋示威游行拉开了环境正义运动的序幕。1991年,美国"第一次全国有色人种环境领导高峰会"提出了环境正义问题和17条环境公平的原则。环境公平不是孤立存在的,必须在环境事务和过程中体现出来。环境公平可以分为三个部分:第一个是程序公平,程序公正与否要看环境事件的处理和决策的过程与程序对事件的利益相关方和当事人是不是无差别对待;第二个是地域公平,环境风险应该同等地被不同社区或地区承担;第三个是社会公平,就是在环境决策的过程中,要考虑到种族、阶级和其他文化因素的影响。[①]

美国学者温茨在《环境正义论》中说道"所关心的是那些在利益与负担存在稀缺与过重时应如何进行分配的方式问题",集中研究环境事务中的正义问题,主要关涉分配正义理论。之所以选择这一主题有三个理由。其一,人们在环境体系中扮演着多重角色。温茨认为,人类既是环境中的一员,又是它的观察者。当人讨论环境问题时,也是讨论人自身。探讨环境问题可以使人类更加清醒地意识到自身在环境中所扮演的角色。以反思

---

①洪大用. 环境社会学[M]. 北京:中国人民大学出版社,2021:46.

平衡的方式进行自我意识促成自身审慎的行为。其二,相对于环境问题而言,《环境正义论》更重视分配正义这一主题。温茨认为,在现实生活中,社会正义的要求与环境保护之间存在着内在张力,所以,需要对社会正义和环境保护的议题同时予以关注。第三,在当代人类生活过程中,环境事务具有全球性特色,并关涉人们生活的方方面面。环境事务是一项长久的事业,不仅与当代人有着联系,还与未来人类的发展有着紧密联系。环境事务不仅关涉人类自身,还与人类之外的生物圈有着联系。所以,环境正义论需要进行彻底的反思,转变传统社会正义论所包含的内在关系。①

二、当代欧洲环境社会学理论流派

(一)"生态现代化理论"介绍

生态现代化理论最早是在20世纪80年代初在少数几个西欧国家产生的,特别是德国、荷兰和英国。准确地说,生态现代化理论的创始人应该是德国社会学家约瑟夫·胡贝尔(Huber)。相对来说,生态现代化理论问世时间较晚,且在发展过程中也产生了诸多差异与争论。这些差异与争论不仅体现在国家背景和理论基础上,也与时间先后有关。生态现代化理论由此带给人们一种新的视角来观察与分析现代社会中所出现的各类生态环境问题。

从生态现代化的发展过程来看,从起源到发展至今,一共可以划分为三个不同的阶段。

第一阶段,生态现代化理论最早期著述时期。这一阶段的主要特点包括:极为强调技术创新在环境改革中所起的作用,尤其是工业生产领域的技术创新;对(官僚)国家持批评态度;肯定市场行动者与市场动态在环境改革中所起的作用;理论取向为系统论取向,且偏向进化论,认为人类能动性与社会斗争的作用是有限的;倾向于从民族国家的层次进行分析。

第二阶段,20世纪80年代到90年代中期。这一阶段对技术创新的强调有所减少,并不像早期理论那样将其视为生态现代化理论的核心动力;更平衡地看待国家和"市场"这两者在生态转型中分别起的作用;更强调生态现代化的体制动态与文化动态。在这一阶段,生态现代化理论的著述

---

① 彼得·S.温茨.环境正义伦[M].环境哲学译丛.上海:上海人民出版社,2007:100-101.

仍着重于对经济合作与发展组织成员国的工业生产进行国别研究和比较研究。

第三阶段,自20世纪90年代以后。生态现代化理论的前沿在研究的理论视野和地域范围上都有所扩展,涵盖了以下内容:消费的生态转型;欧洲以外国家的生态现代化(新兴工业国家、欠发达国家、中东欧地区的过渡型经济体,也包括美国、加拿大这样的经合组织国家);全球性进程。①

虽然说生态现代化理论在时间、国别和理论取向上存在着差异,但是,从三个阶段的内容研究来看,相关研究共有三个方面的共同观点:首先,超越末日论的取向,将环境问题视为迫使我们在社会、技术和经济方面进行变革的挑战,而不是视其为工业化所带来的无法改变的后果;其次,强调标志现代性的核心社会体制的转型—包括科学技术、生产与消费、政治与治理,以及各种规模的"市场"(地区市场、国家市场、全球市场);再次,在学术领域中的定位与反生产力—反工业化、后现代主义—激进社会建构论以及许多新马克思主义研究的定位截然不同。②"生态现代化"理论在其发展过程中不断地与其他理论进行争论,同时也吸收了很多不同理论中的优点来完善自身,实现了理论的逐步壮大与精致。

从生态现代化理论的发展历程来看,其主要目标始终是围绕现代工业化社会如何应对环境危机的问题而展开,其主要的研究内容包括社会实践、体制规划、社会话语与政策话语中为保护社会生存基础而做出的环境改革。随着生态现代化理论的不断发展,当前的理论所关注的核心问题与内容不是物质改善本身,而是关注社会与体制上的变化情况。这些变化可以被划归为五类。

1.科学与技术的作用在发生改变

看待科学技术时不仅从"导致环境问题产生"的角度出发,也考虑了它们在环境问题的治理与预防中所起的实际作用与潜在作用。

---

①阿瑟·摩尔,等. 世界范围内的生态现代化:观点和关键争论[M]. 北京:商务印书馆,2011:4-5.

②Mol,A.P.J.(2000),Globalisation and Changing Patterns of Industrial Pollution and Control,in S.Herculano(ed.),Environmental Risk and the Quality of Life,Rio de Janeiro(forthcoming).

2.市场动态与经济能动者

如生产者、顾客、消费者、信用机构、保险公司等作为生态结构调整与改革载体的重要性日益提高,在研究环境的几乎所有其他社会理论中,生态结构调整与改革的载体往往都是更为传统的范畴,如国家机构和新社会运动。

3.民族国家的作用发生了变化

出现了更加去中心化、更灵活、更强调共识的治理方式,而自上而下、国家指令—控制式的环境规制(常被称作"政治现代化")则在减少。非国家的行动者有更多机会行使行政、规范、管理、合营、调解这些传统上由民族国家行使的功能。新兴的各个超国家机构也削弱了民族国家在环境改革中所起的传统作用。

4.社会运动的地位、作用与意识形态发生了改变

涉及环境改革问题时,社会运动越来越多地参与到公众与私人的决策体制之中;而在20世纪70至80年代,社会运动往往被局限在这类进程与体制的外围,甚至完全不能参与。

5.话语实践发生变化,新的意识形态不断产生

完全忽视环境,或是将经济利益与环境利益从根本上对立起来,这些做法不再被视为正当合理的做法。探讨生存基础问题时的"代际团结"已经成为一条不容置辩的核心原则。①

从"生态现代化"理论的发展与内容来看,可以归纳为技术、市场、国家、民间运动这四个方面,每一个部分都是相互独立又可以组合在一起发挥出作用。这种理论内容的归纳也是理论在长期发展中逐渐积累与完善起来的结果。

从生态现代化理论角度来看,生态环境问题是在发展中逐渐产生的,同样可以通过发展的方法来解决相应的生态环境问题。从生态现代化理论早期提出的技术、市场到后来的政治体制、机制的改变等一系列方法与手段运用的提出,给我们在应对现代社会中的各类生态环境问题提供了一个全新的视角。在现有的市场制度基础之上来寻求一些可行的、有效的与能付诸实践的控制手段,这是生态现代化理论在实际操作与运用中所表现

---

① Arthur P. J. Mol&Neil T. Carter(2006)China's environmental governance in transition,Environmental Politics,15:02,149-170.

出来的特征与性质。我们把这种生态现代化对于现有体制机制进行改善的行为称作为"修修补补"的环境应对方法,难以对现有市场经济制度以及社会结构造成一种根本上的改变,存在着一种"不彻底性"。

(二)风险社会理论

德国社会学家乌尔里希·贝克在1986年出版的《风险社会》一书中首次提出风险社会概念。贝克的一个基本命题就是传统的工业社会已经走向充满风险和不确定性的社会,如果不改变已有的现代化模式,那么随之而来的风险和过去相比将有着本质的变化。从这点可以看出,贝克对于现代性表现出一种批判和质疑的态度。在工业或阶级社会,其中心问题是财富的分配如何按照不平等的方式进行,同时又能使其合法化;在风险社会中,风险是现代化的产物,可以被认为系统地处理现代化自身引致的危险和不安全感的方式,风险的分配更为均衡。按照贝克的说法就是贫困是等级制的,化学烟雾是民主的。无论是财富分配的社会还是风险分配的社会都包含了不平等,这两种不平等在第三世界的工业中心区域尤为明显。[①]

按照风险社会学理论的内容,环境遭到破坏并非现代化进程失败的产物,而恰恰是这一进程取得成功所带来的后果。在工业进程中,大自然遭到破坏,这些副作用尚未引起人们的足够重视。而风险社会意味着伴随现代化进程产生的负面影响已对社会基石构成威胁,它是现代化发展的一个新阶段,一个取得成功的阶段。现代性的出发点是控制不确定性,但是现代性又产生了新的不确定性,很难找到不确定性产生的确定原因。从风险社会的特征来看,人类面临着威胁其生存的由社会所制造的风险。在前工业时代,灾难被认为是同自然本身紧密相连的,所以人类并不需要对灾难负责。但是现代社会的风险更多的是人为风险,同人类的决策相关。

从工业时代的划分情况来看,可以分为早期工业社会和晚期工业社会。早期工业社会的风险具有地域性,而晚期工业社会的风险具有全球性。在现代工业社会中,自然风险和技术风险相互交织在一起无法区分。对此类复合型全球风险的预防和控制,贝克持悲观的态度,甚至认为灾难可能会打断现代文明。全球的社会风险制造了一个"共同的世界",一个我们无论如何都只能共同分享的世界,一个没有"外部"、没有"出口"、没有"他者"的世界。各个国家唯一能做的只有合作,建立全球治理体系,因

[①]乌尔里希·贝克. 风险社会[M]. 何博闻,译. 南京:译林出版社,2004:100-101.

为没有一个国家可以独自解决上述问题。

面对风险社会的到来,如何解决工业资本主义社会的掠夺性生产和过度消费的现实逻辑,具有两种解决方案:一是,反思性现代性,指对传统现代性的一种反思和批判,强调科学技术的负面影响,因此在意识层面,要进行以"生态启蒙"为核心内容的"第二次启蒙"。二是,世界主义,由于当今世界遭受风险经常跨越民族国家的边界,要消除现代风险,全人类必须联合起来,共同努力。在实践层面上要依托非政府组织和环保运动的"生态民主政治"来践行启蒙的内容和要求,重在强调一种"意识形态"与"社会行动"相结合的过程和作用。

三、当代日本环境社会学理论流派

(一)生活环境主义

生活环境主义是日本学者鸟越皓之于20世纪70年代末至80年代在总结与环境问题有关的人们的实践活动的基础上提出来。日本环境社会学理论内容可以归纳为四种模式:"受害结构论""受益圈·受苦圈论""生活环境主义""社会两难论",在其著作《环境社会学——站在生活者的角度思考》中对生活环境主义进行了介绍。

生活环境主义是与自然环境保护主义、现代技术主义相区别的研究范式,首先将站在生态学论立场上认为保护自然环境最重要的理论命名为自然环境保护主义,然后将依赖现代技术的理论称为现代技术主义,再将最重视保护当地人的生活体系的理论称为生活环境主义。生活环境主义是指在理解和处理环境问题时,重视生活者的生活实践活动以及由此得出的对环境的态度。生活环境主义的内涵可以分为三个层面:一是主体层面,强调生活者生活本身的重要性,这是与历史主体性有关的问题,是关于应该站在什么立场上说话的问题;二是环境现状与问题层面,即承认环境问题是现代化过程和发展模式所带来的,主张通过反思,认清人们的社会行为是导致环境问题产生的根源,在此基础上,认真思考人类生活与环境的本来含义;三是实践层面,即重视生活者在生活中所形成的对环境问题的看法以及处理环境问题的方式,以此作为解决当前环境问题的基础,通过人们的环境行为的改变,在实践层面上探索人与自然和谐相处的可能性和可行性。[①]

从生活环境主义的定义与内涵来分析,生活环境主义的重点是强调生活者生活本身的重要性,无论是当人与自然发生矛盾的时候,或者当人与人发生矛盾的时候。当人与自然发生矛盾的时候,当人与人发生矛盾的时候,强调生活者生活本身的重要性,通过满足当地居民基本生活需要以使其成为积极的环境保护者,否则,陷入生存危机中的当地居民就可能成为环境破坏者。鸟越皓之以森林保护为例进行了说明。当人与人发生矛盾的时候,强调生活者生活本身的重要性,则是民主的体现和社会发展的结果。

生活环境主义研究范式具有一定的积极意义,给我们提供了一种从微观角度尝试分析和解决环境问题的可能。正如鸟越皓之指出的,"生活环境主义"是当人类生活的自然遭到破坏,对自然破坏进行反思时形成的模式,是在对以生态学为中心发育起来的生态论(主要是将生态学理论加以应用的政策论)进行批判的基础上建立起来的,如果人们是在社会舞台中,那么它将是解决环境问题的有力方式之一。环境社会学正是在这种认识的基础上成立的,并且期待着能为环境问题的解决做出贡献,生活环境主义正是在环境社会学的框架下,通过总结人们实践活动的基础上提出的。站在生活者的角度思考,对于解释和解决环境问题都是有益的。

(二)社会两难论

社会两难论是个人从自身角度出发进行合理的选择,结果对社会整体而言却变成了不合理的机制。或者说,如果每个人都因对集体采取不合作的态度对自己有利而选择不合作的话,就会出现对社会整体不利的现象。把社会两难论与环境问题关联起来,简单地说,社会两难论就是如果每个人都任意行动,那么结果将会出现包括自己在内的整体环境都要遭到麻烦的现象。

社会两难论的定义中有"合理性"一词。社会两难论是个人合理性与集体(整体)合理性相违背的问题,个人做出合理的选择(对集体不协作),给集体(整体)会带来非合理的结果。从实践层面提出一些可解决的对策,包括通过强化法律和条例来规范自由选择,社会性地提供公共级别较

---

① 鸟越皓之. 环境社会学——站在生活者的角度思考[M]. 宋金文,译. 乌鲁木齐:中国环境科学出版社,2009:100-101.

高(受害较少)的其他选择项,鼓励对这样的选择项进行选择,通过道德以及环境教育,强化自我约束等,并加以实施。发挥信仰这种社会规范的积极作用,或者利用好玩心理进行环保,可以产生各种主意。这种方法的特点是,问题不是由陷入社会两难论的当事人来解决的,而是由邻居、孩子们,由他人取代来解决的。笔者对这种不是当事人,而是向其他人寻求解决问题的方式感到有趣,但如何对其进行评价,可能是"仁者见仁,智者见智"。即使在学校接受过环境教育,也不是所有的人都能按学到的那样去做,所以,这种方法可能比环境教育更为有利,这样的智慧应该还有很多。

(三)受益圈·受苦圈

在日本大规模开发过程中,研究者发现,开发给当地带来的好处并没有当初想象的那么大。例如,以石油基地为例,基地内建有自备的港湾等设施,因此不能给当地港口带来繁荣,也不会给当地吸引来相关工业,并给地区经济活动带来活力。这是当然的,因为基地是一个具有合理性的体系,该体系在基地内实现了自我循环,在内部不能完满解决的只有向体系外排出的"污染了的空气和水"之类的"排泄物",还有一个,就是流向大城市的利润。也就是说,该地区的基地产生的利润没有留在当地,而是被基地企业本部所在的大城市拿走了。把受益者的集合叫作"受益圈",把蒙受"排泄物"之苦的受害者的集合(当地居民等)叫作"受苦圈"。那么,以基地为中心,可以将受益圈·受苦圈这种地区性、空间性的范围落实到地图上。

根据开发的种类不同,有时受益圈和受苦圈也会出现部分重叠的情况。一般而言,重叠时解决起来比较容易,没有重叠时解决起来就比较难了。当出现重叠时,受益者(加害者)与受苦者(受害者)可能是同一人,因为存在着看得见的人际关系,这时,即使有些难度,但解决问题的姿态很强。与此相对,当没有重叠时,受益者与受苦者基本上互不见面,其中的热情自然也不高。以新干线为例,利用新干线的顾客遍及全国,另外,受苦圈是受噪声、震动困扰的沿线居民。

(四)加害与受害的结构论

1.加害的结构

环境问题只有有了加害与受害两方才能成立。有时也会出现只有受害方而加害方不明确的情况,这或许是因为加害方一直在给自己脸上贴金,或者一直否定结果,不存在没有加害者的受害者。但是,在"环境问题"的舞台上,只有"加害者"与"受害者"两个角色相互表演的单纯剧情通常也比较少见。由于环境问题的复杂性,有时甚至会产生意想不到的误解,所以,研究加害与受害的结构是必不可少的。

从日本的环境污染过程来看,加害的结构大致而言,可分为"公害型"与"农林渔业·生活型"两种结构。前者就是以所谓工业领域产生的污染为中心,其主要受害发生状况与明治中后期重工业的发展时期如出一辙。因田中正造的揭发而闻名的足尾铜山矿毒事件就是当时公害的典型之一。后者即"农林渔业·生活型",是在20世纪70年代以后才逐步被人们所认识到的类型。

公害加害的内容是指加害源为矿业、工业以及公共事业,其现象不外乎水质污染、大气污染、噪声、地表下沉和震动等。例如,水俣等地发生的水银引起的水污染,因大气污染所导致的四日市哮喘病,飞机以及工厂的噪声,工业用水吸取地下水引起的地表下沉等。另一方面,农林渔业·生活型被认为是农林业者以及在当地生活的居民是受害者,而不是加害者。但是,在某一时期随着农业生产也会影响生活,如有为了农业而去采伐热带雨林的,有为了养殖对虾而砍伐红树林引起海岸塌陷的。而且,在"生活型"中,会像生活排水污染那样,由于不自觉的生活方式而给他人带来了危害。值得注意的是,加害者的身影变得非常隐蔽了,虽然加害与受害都被结构化了,但加害却具有了"加害的连锁性"的结构特点。

2.受害的结构

环境问题的受害情况是不一样的。从经验上看,受害者多集中于生活贫困、社会地位低的人中间,这是众所周知的事实,甚至自然灾害也是如此,贫困者以及老年人等社会弱者受到的灾害打击更大,这至今仍令人记忆犹新。

根据饭岛伸子对受害结构的分析研究,受害结构包括受害水平和受害度两个方面,每个方面都有社会要素相关联,其内容如下图2-1所示。即受害水平由"生命·健康""生活""人格"以及"地区环境·地区社会"四个部分组成。另外一个结构层次是环境受害度,它是指在提到的四个受害水平各自受到危害的程度。例如,"生活"受害的程度也是因人而异的。

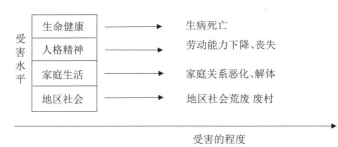

图2-1 受害的结构

这些受害水平和受害程度具有因受害者所处的社会阶层以及集体的不同,并且也有受媒体、地区社会、政府等所采取的对策所左右的一面。有时会产生社会孤独感,有时则相反,会产生社会联系感,这些社会因素对理解受害结构是必不可少的。通过以上"加害·受害"结构的分析,可以找到一些减少其危害程度的具体对策和方法,或者,弄清什么是加害、什么是受害本身,也能够促使政策的改变。

(五)环境控制系统论

环境控制系统论是解决论的视角研究环境问题而发展出来的学术理论。日本学者船桥晴俊是环境控制系统论的代表人物。环境控制系统会在将来产生的"结构性紧张",转换成对于环境问题的"解决压力",并推行实效性地解决努力,是将以环境问题的解决为要义的环境运动和政府环境管理部门作为环境控制主体,将接受这些主体控制行动的其他社会主体作为被控制主体的这种社会控制系统。环境控制系统论认为,通过行政组织和社会运动相互作用的这种社会控制系统,形成有利于减少环境负荷的积累的社会规范,从而克服环境问题中的社会两难问题。环境控制系统论所倡导的是一种系统性的控制,这种系统性控制与环境政策密切关联。环境控制论认为,环境政策是为了解决环境问题的社会控制,所以环境政策应该系统化和具有可持续的操作性。为了使环境政策的洪水控制获得成功,需要具备三个条件:一是必须制定适当的控制目标,要对社会中所发生的新问题具有敏感性,并针对解决问题迅速地设定控制目标。二是对于社会控制。普遍性的某种理念或者原则是必须的。在社会控制的过程中,政策决定应该基于社会全体的长远利益和普遍性的某种价值准则。三是这种基于普遍性的某种理念的环境政策和控制主体要具有不被巨大压力所左右的主体性。总之,致力于解决环境问题的控制主体,通过法令、预算和组织等控制手段,对社会发挥控制作用。当达到具有进行可持续性的控制努力的时候,可以说解决环境问题的社会控制系统已经形成。环境控制系统论重视在解决环境问题过程中发挥社会或民间力量,以此来约束市场对环境的危害,并补充政府在环境问题解决中的不足。

近年来,环境控制系统论者的研究范围进一步扩大,他们不仅研究环境控制系统对解决环境问题的重要性和机制,而且还研究环境控制系统对经济系统的介入问题,并据此还分析环境问题的历史变化。随着应用范围的扩大和不断被完善,环境控制系统论在日本环境社会学界的影响越来越大。

第三节 中国环境社会学的理论研究

党的十八大以来,以习近平同志为核心的党中央提出了生态文明建设的丰富思想,其核心内容包括了六大原则:坚持人与自然和谐共生,绿水青山就是金山银山,良好生态环境是最普惠的民生福祉,山水林田湖草是生命共同体,用最严格制度最严密法治保护生态环境,共谋全球生态文明建设[①]。该思想汲取古今中外历史上人与自然相处的正反面经验,继承和发展了马克思主义关于人与自然关系思想的基本观点,是指导中国环境社会学发展的当代中国马克思主义的最新成果。

改革开放以来,随着中国经济社会的快速发展,各类环境问题不断涌现出来,不同的学者基于现实的环境问题进行了深入分析,形成了具有自身特色的理论概念和研究法范式。目前,主要形成了"社会转型范式""次生焦虑"概念、政经一体化增长推进机制、理性困境视角等。

中国环境问题的"社会转型范式"从概念上来看,社会转型就是社会结构和社会运行机制从一个形式转向另外一种形式的过程,当然也包括社会价值观和行为方式的转换。洪大用将社会转型概念应用到中国环境问题研究中,指出以工业化、城市化和地区发展不平衡为主要特征的社会结构特征的社会结构转型,以建立市场经济体制、放权让利改革和控制体系变

---

① 郇庆治.论习近平生态文明思想的马克思主义生态学基础[J].武汉大学学报(哲学社会科学版),2022,75(04):18-26.

化为主要特征的体制转轨,以道德滑坡、消费主义兴起、行为短期化和社会流动加速为主要特征的价值观念变化,在很大程度上加剧了中国环境状况的恶化,导致中国环境问题具有特定的社会特征。结合中国社会转型的实际,他提出要辩证地看待社会转型对环境的影响,既要看到社会转型导致的经济发展和环境保护不协调加剧了环境破坏,也要看到社会转型带来了环境保护的新机遇,为通过组织创新和结构优化促进环境保护提供了可能。

其次,对环境问题演化的社会逻辑进行分析,提出了"次生焦虑"的概念。陈阿江通过对太湖流域水污染的持续多年的调查,试图从中国社会历史文化视角来解释太湖水污染的发生和发展历程。[①]次生焦虑是相对于断后焦虑而言的,断后焦虑是中国人一直持有的传统性焦虑,影响了中国人口的生产和再生产,进而影响了中国环境,这也是长期以来中国人口快速增长的一个重要原因。次生焦虑是近代以来我国在面临"救亡图存"外部世界的压力情况下,选择追赶现代化道路,加之历史文化压力和中国人的特殊性心理文化结构而产生的一种社会性焦虑。这种焦虑被认为是中国环境问题和其他社会问题的社会文化根源。

再次,是有关中国农村环境污染和冲突的政经一体化推进机制的解释。张玉林认为,在工业化发展过程中,中国农村环境污染及冲突的增多与中国独特社政经一体化增长推进机制有着密切的联系:在以经济增长为主要任期考核指标的压力型行政体制下,GDP和财政税收的增长成为地方官员的优先选择,从而导致重增长、轻保护的环境保护主义倾向,地方政府和企业有可能结成增长的同盟,受害农民的经济利益和健康权利往往受到忽视,导致围绕污染而生的社会冲突加剧。[②]从政治经济学的视角来看,任何一种政治经济制度都对经济增长有着类似的渴求,那么究竟是什么因素导致这种同盟能够以牺牲民众的环境权益为代价,还需要进一步思考。

最后,理性困境视角,它与日本学者提出的"社会两难论"类似。王芳从环境行为的视角出发提出了理性的困境,用以解释转型期中国环境问题

[①]陈阿江. 环境问题的技术呈现、社会建构与治理转向[J]. 社会学评论,2016,4(03):53-60.
[②]张玉林. 人类世时代的生物灭绝和生物安全——"2020中国人文社会科学环境论坛"研讨综述[J]. 南京工业大学学报(社会科学版),2021,20(01):1-10+111.

的根源。[①]该理论提出,中国环境问题尤其是微观和中观层面的环境污染,主要是由社会行动者的环境行为失当造成的。行动者包括个体行动者和作为法人的行动者。作为个体理性和集体理性冲突的社会根源包括三个方面:有私无公的传统文化惯性、价值观多元化导致的集体价值理性认同的缺失以及制度变迁中制度约束的弱化和偏离。一个深层的问题是,该理论解释的是转型期的环境问题,即反思转型前后造成环境问题的社会根源是否有着内在的一致性。

---

①王芳. 结构转向:环境治理中的制度困境与体制创新[J]. 广西民族大学学报(哲学社会科学版),2009,31(04):8-13.

第三章 环境社会学的研究方法

费孝通先生在《试谈扩展社会学的传统界限》中指出,社会学具有"科学"和"人文"双重性格。科学性使社会学成为一种重要的"工具",可以用来解决具体问题。但社会学的价值不仅仅在于"工具性"。今天的社会学,包括它的科学理性的精神,本身就是一种重要的人文思想;社会学科研和教学,就是一个社会人文精神养成的一部分。环境社会学,作为社会学的分支学科,同样兼具"科学"和"人文"的双重性格。并且,由于环境社会学的研究离不开"环境"这一物质形态的对象,它的研究议题多涉及科学技术问题,因此,环境社会学的科学性特征与其他分支学科相比则更为突出。除了采用社会学研究通用的定量研究方法和质性研究方法,还在实践的过程中针对研究问题的特点探索研究出自己特有的研究方法。

第一节 定量研究方法

一、问卷调查法

问卷调查法是通过统一设计的问卷,向研究对象系统询问社会背景、态度和行为,以发现社会现象和过程的原因或影响因素。问卷调查具有高效、匿名、减少误差、便于分析等优点。对于收集大规模数据,如了解人们的基本情况、态度、观念和认知、行为,以及其中的影响因素等,优势明显。对于如何设计问卷、发放问卷以及数据收集回来后如何处理等操作细节已在众多社会调查方法的书籍中详细介绍,不再赘述。

问卷调查法在测量环境意识与环境行为中发挥了重要作用。西方学者为测量环境意识设计了众多指标体系,影响最大的有四个:美国测验学会(ASTM)关于"环境素养"的测量,Maloney/Ward(1973年)的"生态态度和知识"量表,邓拉普等人(1978年)的"新环境范式量表",德国学者Urban

（1986年）、Schahn u.a（1999年）和Diekmann/Preisendorfer（1991年）等人提出的环境意识量表[①]。

西方的各类测量量表在中国的运用要考虑中国的国情、文化特征等因素，需要本土化的改良，这样收集到的资料和数据才具有现实意义。中国学者洪大用在测量中国公众的环境意识时，将邓拉普等人的"新环境范式量表"进行了中国本土的操作化，将环境意识分为四类项目，分别是环境知识、基本价值观念、环境保护态度、环境保护行为，并在四类项目中设计了相应的可测量指标。[②]具体见表3-1所示。

表3-1　洪大用关于环境意识的测量指标

内容	测量指标
环境意识	对"环境保护"这一概念的知晓程度；对有关环保法政策的了解程度；对若干环境问题（全球变暖、臭氧层破坏、酸雨、荒漠化、淡水资源枯竭、生物多样性减少）的了解程度
基本价值观念	对人类与自然界之间关系的看法；对眼前利益与长远利益的看法；对局部利益与整体利益的看法
环境保护态度	对环境保护工作中国家与个人关系的看法；对破坏环境之行为的态度；对缴纳环境保护费用的态度
环境保护行为	对媒介中环境宣传的注意程度；对有组织的环境宣传教育活动的参与程度；对有益于环境保护的公益劳动或活动的参与程度；对要求解决环境污染问题的投诉或上诉的参与程度

二、农事管理记录本

国家社会科学基金项目"村民环境行为与农村面源污染研究"课题组在太湖流域和巢湖流域调查时，除了使用问卷收集种植户的基本社会经济特征等信息外，还设计了农事管理记录本。

问卷调查法在获得种植户用肥信息方面可能出现与实际用肥存在较大偏差的问题，这主要源于中国农业小农经营、田块分散、种植户生产行为多样化的特点，加之种植户没有实时记录施肥的习惯。通常情况下，问

---

①周志家. 环境意识研究：现状、困境与出路[J]. 厦门大学学报（哲学社会科学版），2008（04）：19-26.
②洪大用，范叶超. 公众环境知识测量：一个本土量表的提出与检验[J]. 中国人民大学学报，2016, 30（04）：110-121.

卷调查多是通过种植户进行回忆来完成用肥数据的填写以及对未来用肥量和用肥种类的估计,这些都会与实际用肥情况有较大的差距。

针对上述问题,课题组编制了《水稻用肥用药记录本》,分发给种植户,由种植户记录一季水稻种植的整个过程中用肥、用药的品种和数量[①]。在水稻种植之初(5月)发给种植户;中间施肥的关键点(7月),课题组成员下村对种植户进行追踪回访、指导种植户填写记录本,对种植户自己未能按时做记录的,课题组协助农户及时补录当季的施肥情况;11月水稻收割后回收记录本[②]。

用肥资料收集回来,如何使用呢?为了有效比较种植户的用肥量,课题组采用比较同等水稻产出量所用肥料量的思路,将种植户肥料使用量统一换算为每1000千克水稻产出所使用的 N、P_2O_5、K_2O 量,在此基础上展开肥料用量的对比。种植户所使用的肥料一般包括尿素、复合肥(包括测土配方肥)、磷肥、钾肥,其中,尿素中的有效成分为纯 N,复合肥中的有效成分为 N、P_2O_5 和 K_2O,磷肥中有效成分为 P_2O_5。种植户所使用的 N、P_2O_5 和 K_2O 量均可按照尿素、复合肥和磷肥中的养分含量直接计算得出。种植户一般使用钾肥施肥,钾肥中的有效成分为氯化钾,分子式为 KCl。为了方便对比和分析,将种植户所使用的 KCl 量换算为同等钾(K)含量的 K_2O 量,与种植户所使用的复合肥中的 K_2O 用量相加,从而获得该种植户所使用的 K_2O 总量。种植户所提供的用肥量以亩为单位,在计算出种植户每亩水稻的 N、P_2O_5、K_2O 使用量后,结合其亩产量计算出每一种植户每1000千克水稻产出的 N、P_2O_5、K_2O 使用量。

从事环境社会学的研究者可以根据研究主题的需要,在实践中不断探索出新的方法以收集准确的数据。

[①] 冯燕,吴金芳. 合作社组织、种植规模与农户测土配方施肥技术采纳行为——基于太湖、巢湖流域水稻种植户的调查[J]. 南京工业大学学报(社会科学版),2018,17(06):28-37.

[②] 陈阿江,罗亚娟. 环境与社会丛书 面源污染的社会成因及其应对 太湖流域巢湖流域农村地区的经验研究[M]. 北京:中国社会科学出版社,2020:262-263.

第二节 质性研究方法

一、文献法

文献法是收集相关资料,获得背景性、基础性信息和知识的重要渠道。合理、高效地利用文献可以帮助研究者快速地理解当地的政治、经济、社会和文化特征,便于研究者在田野调查过程中快速地抓取有效信息,进一步挖掘实践材料。查阅的文献资料可分为以下五个方面:地方史志、专业学术研究文献、相关政策法规、统计文献和其他文献等。

通过阅读地方史志,研究者可了解当地自然地理和气候特点,准确地理解当地的政治、经济、社会、文化的发展历史与进程。拥有这些背景性知识后,研究者在田野调查中与调查对象访谈时则会更加顺畅,不用将过多的精力和时间花在可从史志资料中获得的基本性信息上。

通过阅读大量的专业学术研究文献,了解各种环境问题发生社会机制、环境治理的相关技术等。同时,前人的研究可以帮助研究者加深对某一议题的认识和理解,把握学术界关于这一议题的研究前沿。只有充分挖掘和分析前人的研究,研究者才能从中准确地寻找到自身研究的突破点和创新点。

通过解读相关政策法规,研究者可以把握住国家关于环境污染防治、环境治理、生态文明建设等政策。政策的收集和整理有助于研究者梳理国家关于构建人与自然和谐相处的生态理念的变迁历程。透过政策,我们可以看到国家在构建环境与社会和谐相处的道路上的发展方向。[①]

通过收集和整理统计文献,如统计年鉴、统计要报等,与环境议题相关的数据可为研究者提供相应的发展趋势,为其把握相关环境议题的研究方向提供数据支撑,使研究者的论点更加具有说服力。

其他文献,如政府的工作总结、调研报告等,可为研究者提供总体的面上数据,利于研究者对某一议题的总体认识和把握。同时研究者还可以从中看到政府针对某项议题所采取的具体措施、取得的成效以及接下来的工

作中可能面临的挑战。

二、田野调查法

田野调查法,也叫田野工作,是人类学、考古学、环境社会学研究中常用的方法。田野调查是指研究者深入研究对象所生活的场域,在与研究对象一起生活的过程中,进行细致观察和深度访谈,以求达到对研究对象及其文化的全貌性研究和深刻理解。在田野调查中,研究者常用观察法和深度访谈法来获得第一手的调查资料。

(一)观察法

观察法在田野调查中非常重要。研究者可以通过拍摄照片、视频的方式记录大量的第一手资料。观察需要注意宏观和微观两方面。宏观方面,研究者需要注意当地的社会经济发展水平。在当地采购生活用品,品尝当地饮食的时候,研究者可以观察和感受当地群众的经济生活和消费状况。这一切都为研究者的研究提供了切实感受的宏观背景。如城市垃圾处置问题,一地的垃圾处理情况与当地的社会经济发展水平密切相关。社会经济发展水平较好的地区,垃圾处理工作多半开展得较好;社会经济发展水平较差的地区,垃圾处理工作往往也差强人意。微观方面,对研究对象进行深度访谈时,不仅要倾听他们的话语,还要观察他们的神态、表情,感受他们的语气,这样有助于研究者真实地了解研究对象所要表达的含义。观察法在探寻研究对象的深层思想意识和内部相互关系方面具有较大的优势,能让研究者在理解研究对象的社会情境的基础上,认识他们的思想发展轨迹。因此,研究者对研究对象进行访谈时,还可以观察研究对象所在的周边环境。如果访谈在研究对象家中进行,可以观察其家庭的房屋和庭院的布置,以对其家庭生产生活和经济状况有全面的了解;如果在田间地头,可以观察研究对象的庄稼种植了哪些种类以及长势如何,顺其自然地就可以将话题引向生产方式、生产技术和经济投入产出等方面;如果在工作单位,可以观察研究对象的工作环境,帮助研究者对研究对象的工作性质、工作内容的进一步理解,也可以顺势将话题引向工作,获得研究对象对其自身工作的理解、评价等内容。

"蹲点观察法"是环境社会学研究垃圾分类问题时开发的一种方法。河海大学陈阿江教授的科研团队在研究垃圾分类问题时发现,如何获得小区居民垃圾分类行为的准确信息是一个棘手的问题。利用问卷调查法收集居民垃圾分类行为信息，可能存在"说"和"做"不一致的问题。如果用问卷调查，居民可能会进行"印象整饰"，而面对面的访谈会带给研究对象带来一定的压力，准确率难以保证。因此，他们在反复对比的基础上，开发了"蹲点式观察法"，主要分为以下三步[①]。

第一，研究者事先设计好统一观察记录用的表格。蹲点观察的主要内容包括：居民的性别、年龄（估计年龄）等基础信息，是否按类入桶、垃圾分类率等。

第二，在调查小区内抽样若干组垃圾桶作为观察目标。研究者蹲守在垃圾桶或垃圾投放点稍远处，等居民把垃圾扔入桶内后，如实记录居民是否按类扔入垃圾桶，破袋查看某类垃圾是否有混入其他垃圾的现象。

第三，对观察数据进行统计分析。具体见表3-2所示。

表3-2 南京市w小区居民垃圾分类情况蹲点观察统计表（2019年10月）

垃圾类别	垃圾袋数（个）	按照类别入桶率（%）	垃圾分类准确率
厨余垃圾	24	87.5	98.8
其他垃圾	28	100	57.1
可回收垃圾	15	100	——
总计	67	95.5	——

"蹲点观察法"对研究对象干扰较少，获得的数据较为接近真实情况。如河海大学垃圾分类课题组2011年2—3月，对南京市6个试点小区累计约200小时的观测和记录，共观察到391袋垃圾的投放情况。统计分析发现，试点小区居民总垃圾分类率为70.8%，按照类别入桶投放率为77.5%，这一结果比他们预期的效果要好。

（二）深度访谈法

问卷法可以收集丰富的数据，而访谈法则可以收集深度的资料。深度访谈要注意采取"上下"结合的方法。先从基层开始了解，即"下沉"到与研究主题相关的基层社会中，与访谈对象聊天、讨论。而后研究者上至乡

---

① 陈阿江,吴金芳,等. 城市生活垃圾处置的困境与出路[M]. 北京:中国社会科学出版社,2016:104-105.

镇政府、市县区政府、企业等相关部门,了解他们对相关环境议题的看法、举措、未来的工作计划等。想达到深度访谈的效果,寻找到关键人物非常重要。关键人物,即某一环境议题中的当事人或消息灵通的人士。为了进一步拓展调查视野,"顺藤摸瓜"是一个非常好的方法。通过关键人物的介绍,研究者可以认识更多与某一环境议题相关的调查对象。通过这样不断地"滚雪球",研究者可以收集丰富的第一手的调查资料。而在深度访谈的过程中,研究者保持坦诚的态度非常重要。只有与访谈对象建立了信任,他们才能够放下戒备和顾虑,与研究者敞开心扉分享他们的故事。

具体操作方面,第一,研究者可以根据研究主题设计一个访谈提纲。这样有助于避免研究者在访谈时出现无目的、散乱、冷场、尴尬、慌张等情况。当然可以不完全拘泥于访谈提纲,如果发现有趣的话题或现象时可以追问。从访谈对象的只言片语中发现有趣的话题,这与研究者的学术敏感性相关。如何提高学术敏感性,需要学习者们在平日里多阅读经典著作,在田野调查过程中多观察、勤思考。

第二,进入田野实地后,恰当的开场白非常重要。简单明了且礼貌地表明身份以消除调查对象的顾虑。可以向调查对象出示单位介绍信、身份证、工作证或学生证等。

第三,访谈时使用恰当的措辞。注意将书面语转换成日常用语,使访谈成为像拉家常一样舒服。可以先从个人史入手,便于访谈的开展与进行。

第四,研究者注意控制访谈节奏和话题方向。要完成一个主题的访谈后再进行下一个主题,切忌多个主题来回跳跃。多个主题来回跳跃,反映了研究者对每个主题都没有深入地认识和理解。访谈对象也会因为要在不同的主题间切换回忆和表达自己的理解,容易思绪混乱和疲惫。如果访谈对象比较健谈,有时跑题很远,研究者应该适当地打断,将话题重新引导回来。当多个研究者与一个访谈对象进行交谈时,应该有一个研究者作为主问,等主问完成主要问题的访谈后,其余研究者可以进行补充提问。如果不这样安排的话,多个研究者都会从自己关注的话题开始提问,就会造成多个主题一拥而上,导致访谈对象应接不暇,影响访谈效果。

在田野调查中,研究者要注意自观与他观之间的关系。自观方法,也译作本位方法,是站在被调查对象的角度,用他们自身的观点去解释他们的社会、文化等。他观方法,也译作客位方法,是站在局外立场,用调查者所持的一般观点去解释所看到的社会、文化等。在田野调查中,以什么眼光看问题是个重要的前提问题。明瞭"自观",可以克服文化差异所造成的障碍,如实地反映真相,不带偏见,但并不能把握本质。自观方法与他观方法是互补的,并不是互相排斥的。在田野调查中只有运用好这两种方法,才能得出真实而深刻的见解,才能分析出表层现象后面的深层结构,才能总结出规律性的内容来。

(三)网络法

现代社会网络技术发达,网络调查应用也越发广泛。研究者可借用网络文献、网络论坛、各种聊天群等方式辅助实地调查,收效良好。例如在建立垃圾焚烧厂时,了解民众的认知和态度时,研究者可以利用QQ、微信、MSN等聊天工具对众多相关人员进行访谈。网络访谈不受空间和时间的限制。研究者抛出问题后,访谈对象可以根据自己的时间,凭借自己的感受和直觉回答问题,不受研究者的影响和干扰。由于网络的匿名性特点,访谈对象不用担心个人信息透露太多。因此,可以对一些具有深度的问题作出更加真实的回答。但是网络调查法也存在一定的局限性,如资料的真实性不易确定等。因此,研究者在进行网络调查时,要保持审慎的态度,经常将网络调查获得的资料与实地调查结果进行对比分析,相互印证,使其无限接近事实的真相。

第三节 自然科学研究方法的运用

随着环境社会学的发展和研究的深入,诸多的研究议题涉及生态学、医学、化学、环境科学等自然科学,学科交叉的趋势不断加强,这就意味着环境社会学做研究时需要了解更多有关科学技术层面的知识。准确理解科学技术问题,获得有效的环境数据,对判别和解释环境事实至关重要。

一、环境社会学研究中面临的困境

在实际研究过程中,环境社会学中面临着缺乏相关数据、有数据但难辨真伪、数据碎片化且不同出处的数据相互矛盾等问题,使得研究难以找到着力点。陈阿江教授在《技术手段如何拓展环境社会学研究》中以水污染的社会学研究为例,详细列举了环境社会学在研究中遇到的困难。[1]

一是缺乏有关水质真实状况的数据,这往往成为从事水环境社会学研究的"短板"。2004—2005年,研究的过程中经常遇到的一个困难就是:水域到底有没有污染?污染到底有多严重?居民看见河水"色彩斑斓"、有异味,而企业主、有关部门却说水是达标的,而且往往有"科学"数据支撑。10多年前的研究状态是,有关水质的测量比较少,少量的水质测量数据又大多是保密的。

二是有数据但难辨真伪。2009年,做淮河流域水污染调研,到了淮河的某闸,负责人提供了水质数据,课题组如获珍宝,感觉可以进行一些具体的研究了。第二天再去附近的水文站兼水质检测站查看实测数据,却发现实测数据与公布数据不一致。课题组在自身没有条件、没有能力进行判别的情况下,不敢轻易使用数据。

三是数据多、碎片化,且不同出处的数据相互矛盾,使研究找不到着力点。如关于流域面源污染的数据,存在不同出处的数据相互矛盾的情况。国内关于面源污染的科技类的课题包括一些重大项目,国家投放大量资金,期望能够从中获得一些基本数据,如面源污染来源的方向、比例等;进入太湖和巢湖的污染物质中,来自农业的污染和生活方面的污染,到底哪个占比大,大概比例是多少?然而,一方面国家投入的公共财政,即使在不涉及保密和知识产权的情况下,也很难实行真正的信息共享;另一方面,虽然有的课题资金投入很大,但钱多并不表示课题一定能提供高质量的数据。

在无法获得技术测量数据的背景下,研究者只好退回常识理性,从居民的日常生活出发,设定"社会指标"系列判别水质情况。科学技术是常识的深化和精确化。如果细化的、量化的数据不能真实地说明、反映其对象,那不妨用以常识为基础的社会指标进行基本的判别。当时设定的水质的社会判别指标系列依次为:①可以饮用;②不可以饮用,但可以洗涤;③不可以淘米洗菜;④鱼等水产有怪味;⑤可以洗拖把;⑥连拖把也不能洗。水质好不好,从日常生活的角度看,主要是辨别它能不能喝、能不能洗涤,如果这个水脏得连拖把都不能洗的话,肯定是很糟糕的状态。显然这是一

---

①陈阿江. 技术手段如何拓展环境社会学研究[J]. 探索与争鸣,2015(11):60-65.

个很无奈的水况判别办法,因为没有可靠的数据,只能进行大致的方向性判别。若今天还是以"能不能洗拖把"作为水质衡量标准的话,其局限显而易见。时至今日,像COD、氨氮等水质测量指标的使用已很普遍,环境社会学研究显然也需要跟进[①]。

二、水质检测仪在环境社会学研究中的应用

针对环境社会学研究过程中面临的困境,环境社会学研究团队购买水质检测仪,获得水质的基本数据,如浊度、COD、氨氮、磷等。水质检测作为对环境事实了解和判别的一种手段,对于环境社会学研究的拓展具有重要作用。

中国环境社会学者陈阿江教授的团队在研究太湖、巢湖面源污染成因及应对时,也购买了一款四参数水质检测仪,用比色法可以快速检测水的浊度、COD、氨氮和磷四个常用指标。并结合观察、访谈及问卷调查,不断推进研究的深化。水质检测的主要作用,陈阿江教授总结如下。[②]

一是帮助研究者明确方向与主题。利用实际测量所得的水质数据,在错综复杂的表象中明确研究方向,再有目的地研读文献和数据,找到研究的真问题。

巢湖水体富营养化,导致水体蓝藻频发。如前所述,研究者所能得到的数据很难帮助其理解农业及农村生活污染对巢湖水体的影响程度。巢湖水中的营养物质主要有三方面的来源。一是农业生产,包括种植业和养殖业。种植业方面,由于农田中的肥料没能或没有来得及吸收而随流水进入河道,最终进入湖泊。养殖业方面,养殖户没有有效利用粪肥,致使部分或大部分粪肥进入湖泊。二是城乡居民生活。早些年,人粪尿是一种稀缺的肥料,被有效利用起来。随着城乡人民生活水平的提高,改用抽水马桶,加之化肥使用的便利,人粪尿使用率日益下降。城镇污水处理的不完善,使大量生活污水最后进入河流、湖泊。三是工业企业的污染,如造纸企业、食品加工企业生产过程中排放的污水中也含氮、磷等营养物质。由于巢湖流域面积很大,排放污染的行业、主体非常多,实际情况非常复杂。尽管如此,课题组仍然期望大致知道哪些行业或哪些部门是污染的主要排

①陈阿江. 技术手段如何拓展环境社会学研究[J]. 探索与争鸣,2015(11):60-65.
②陈阿江. 从外源污染到内生污染——太湖流域水环境恶化的社会文化逻辑[J]. 学海,2007(01):36-41.

放者,贡献率大概是多少?通过对搜寻到的文献进行对比,不同行业、不同部门对湖泊的氮、磷贡献情况并不清晰。

通常认为,农田的水比较"脏",按照从农田水沟、河流、巢湖的水流方向,水质应该是农田劣于水沟,水沟劣于河流,河流劣于湖泊。这次水质检测结果,对课题组后续的面源污染研究的方向性探索产生了重要影响。首先,改变了关于种植业对水环境污染的业已形成的假设定势,不是一般地、笼统地研究种植业对水体产生污染,而是尝试更精准地发现种植业对环境的影响,探索到底哪些生产群体、使用何种类型的肥料更有可能产生面源污染?水稻生产的什么环节、哪个阶段更有可能产生面源污染?其次,意识到正在改变中的城乡生活方式,可能对巢湖水体污染产生重要影响,即因城乡居民的人粪尿逐渐弃用,而且未能有效地进行处置。

课题组进行了大胆假设:合肥市的生活污染可能是巢湖面源污染的主要来源,由此开始了环巢湖的水质检测。检测发现,从巢湖水体看,"巢"的左上边COD、氮、磷指标均高于其他地方,最高的是南淝河入巢湖处。"巢"的左上边是合肥市区河流排入巢湖处,包括十五里河、南淝河等。南淝河全长70多千米,流域总面积1600多平方千米,流经合肥市区,年排入巢湖的水量大,污染也非常严重。就检测结果来看,南淝河大桥(环巢湖道路跨南淝河的巢湖入口附近)以北500米之南淝河水,氨氮高达24.56毫克/升(国家标准V类水上限2毫克/升的12倍多),总磷高达0.596毫克/升(国家标准V水<湖、库>上限0.2毫克/升的近3倍)。南淝河大桥以西3千米之巢湖水,氨氮高达21.5毫克/升(国家标准V类水上限2毫克/升的11倍),总磷高达0.57毫克/升(国家标准V类水<湖、库>上限0.2毫克/升的近3倍)。

二是帮助研究者发现现实问题。课题组在环巢湖地区就养殖业与面源污染的关系问题进行了调查。在了解了W养殖公司猪场的基本情况后,课题组来到猪场旁边的水塘。凭感觉,这水塘应该没有太大的问题,水塘里的水比较清,走在水边也未闻到异味……最后课题组还是按照事先计划取了水样带回检测,检测的结果大大超出预期:测到氨氮为43.375毫克/升,是国家标准V类水上限的20多倍。

三是结合其他研究方法使认知更加全面透彻。课题组在巢湖流域的坝镇就养殖业进行了跟踪和补充调查。X养殖公司通过一条水沟向外排放猪粪尿。因此,课题组在距离养殖场10米、300米、500米处采集了水样并检测。水样检测结果显示,氨氮是V类水上限的8~13倍,总磷是V类水上限的6~19倍。

结合实地观察、访谈与水质检测,课题组大致了解了该养殖公司向外排污的情况。通过第二天与养殖场经理的交流,获得了更为全面的情况。养猪场是有沼气处理设施的,但实际处理能力大概只能处置总排泄量的1/5左右,其主要原因是处理设施是靠政府补贴的,除了中央政府的补贴,地方政府配套的部分没有到位,养殖公司不愿意自建。对外和名义上,确实有沼气处理,实际情况是沼气处理能力没有跟上,相当部分的排泄物没有得到妥善处理,不得不向外排放,导致周边农户的水稻被"烧死",养殖公司只得赔偿受影响农户的粮食损失。

通过系统的调查,可以清楚地看到养殖场排泄物的处置情况及实际的污染排放情况,澄清和修正了原来以为大型养殖场因为有了政府补助和相应的处置设施而得出较少污染的假设。规模养殖确实有其优势,但大型养殖场是否产生环境问题,实际的情况却较为复杂。

三、新技术手段与社会科学研究

从社会学学科发展的历程和当代社会科学演变的基本特点,以及"高科技"走进寻常百姓的一般趋势来看,当条件允许,在环境社会学研究中采用新技术手段将成为一种常态化的选择。陈教授对此进行了详细的阐述。

(一)采用新技术手段合乎社会学学科发展的内在规律

从社会学学科发展史情况来看,不断借用其他学科和新技术手段,是社会学成长的重要支撑点,也是社会学学科发展的一个重要特点。正如早期开拓者所倡导的那样,后继者从其他学科学习和借用了许多的概念工具、技术手段去帮助我们研究社会。如向生物学借用了许多的概念工具去帮助我们理解社会这个庞杂无比的研究对象;借用数学工具,如统计学等,分门别类地廓清社会的细微之处;计算机诞生以后,通过计算机软件开发,使问卷调查数据的统计分析更加精确和便捷。

计算机软件、问卷调查等都是收集和分析资料的工具,水质检测仪在环境社会学研究中的作用也是同样的道理。研究者应当注意,水质检测仪是认识局部事实的工具,不能替代社会事实的发现,更不能替代社会学自身的基本概念和方法。

(二)采用新技术手段符合当代社会科学精细化发展的特点

精细化研究是当代社会科学发展的一个重要特点。以环境社会学的研究为例,10~20年前,研究者大致把环境问题说清楚就可以了。告诉读者"水脏的连拖把都无法洗",读者大致能明白作者想表达的意思。水环境通过10~20年的治理,"大红大黑"的情况已很少见,但是我们看不到水脏、水臭,并不表明水质没有问题。10多年前关于环境污染的新闻报道,对当时发现环境污染问题、揭露企业排污与地方政府不尽责方面起到揭发与监督的作用,但今天再细读这些新闻,会发现相当一部分报道在环境污染的技术呈现方面存在着许多不足或问题。因此,环境社会学或环境社会科学应与时俱进,只有了解更多更详细的科学事实,才有可能对环境的"社会事实"、社会政策做更恰当、精准的分析。

(三)"高科技"使用的常规化是科技发展的基本趋势

一些技术设备不断在推进"大众化""傻瓜化",目的是方便非专业人士的操作,如电脑、手机、照相机等。水质检测仪也呈现这样的特点。由于对水质判别精细化要求的普遍化和大众化,如小微企业、非专业人士、社会科学研究者也需要检测水质的基本指标,其操作的"傻瓜化"适应和满足了非专业、大众检测的需求,同时,水质检测仪使用量的大量增加,使其生产成本下降、进入专业领域成为可能。

(四)技术手段使用的条件与问题

在课题组从事"面源污染"研究时,水质测量技术提供基本的科学事实,从而有助于判定社会事实,拓展对主题的认知,但技术手段在介入和拓展社会学研究时,也可能会遇到一些问题。

首先,测量数据是否"科学"、是否适宜? 西方意义上的"科学"是指是否可被证实或证伪,而非指"正确"或"绝对真理"。如果测量方案可以重复,测量结果可被检验,测量按照规定程序进行,那么测量本身无可厚非。现实中,我们可能更关心这样的检测是否适宜的问题,而是否适宜很大程度上与研究目标有关。在以定性为主的探索性研究中,这样的测量一般是适宜的,因为我们的目标,既不是以此为司法证据,也不是以此为规划或政策设计的依据,而是探索和认知一些未知的方向性的问题。

其次,研究者如何客观地使用技术手段?研究者要有客观的心态,怀着敬畏的心态去获取客观的数据资料。任何技术手段的使用都是有条件的,技术不是万能的,其使用也有局限性。社会科学界当前在使用问卷方面就存在一些问题。问卷调查获得量化的数据可以进行高级统计分析,感觉很"科学",使用者趋之若鹜。其实,问卷调查从选题、概念操作化、问卷设计、试调查、样本选取、调查、数据录入、数据分析有多个环节,只要有一个环节出现问题,数据就很难保持客观。而现在往往以课题经费多少、问卷的复杂程度、抽样规模大小、使用统计工具的高级程度去判定问卷调查支撑的成果,对问卷调查全过程的客观性、适宜性却很少进行复查或判定。研究形式上的科学,并不表明其研究必然客观、科学,所以,研究者应持有客观、严谨的态度,按照规定程序操作,是获得客观数据的必要条件。

再次,研究者如何客观地解读技术测量的结果?技术测量强调的是客观准确;技术测量结果同样面临如何客观、全面、综合地去理解的问题。比如,测得某水体的较高的COD值,应该如何去理解?如果是饮用水源,有国家标准可进行比对;如果是农业生产或渔业生产用水,则需要根据具体情况去判别,并不能简单地定性为"污染"。综合、系统地理解问题是社会学研究的长项,把测量结果置于社会系统中分析,更有助于理解技术测量的结果意义。

综上,当条件适宜、研究主题需要时,使用科学技术知识和测量方法,对于研究者和学习者而言,有诸多益处。首先,打通了传统的文理分科的刻板观念,拓宽了视野;其次,学习和使用一些简单的技术测量仪器,可以加深对研究主题的认识,形成尽量用客观事实说话的科学研究态度;最后,学会了使用多种手段理解社会、解决问题的思路①。

①陈阿江. 技术手段如何拓展环境社会学研究[J]. 探索与争鸣,2015(11):60-65.

第四章 生态与环境问题

第一节 生态系统概述

许多自然科学都对我们理解生物物理环境有所贡献,但是对环境问题最感兴趣的应属于生态学,它在很长一段时间一直是生物学的一个专门领域。在历史上,生态学的观点是18、19世纪更广泛的科学革命的一种体现。它激发了马尔萨斯在人口研究方面,以及达尔文在生物进化论方面富有创新的科学工作。当然,研究的最终目的是为人类社会服务,特别是认识到人类行动改变了地球环境,才真正确保了生态学作为一门科学学科和一种理性的事业得到发展和大众支持。

一、生态系统的概念

生态学中最根本的概念是系统。系统是指由各自独立又相互关联、相互作用的组成部分构成的统一整体,小至细胞,大至宇宙,都是系统。当然,并非任何东西都是系统,也有各种组合是时间或空间上相邻的事物或要素的混合,但它们并没有以系统性纽带相互连接。系统概念对许多学科都很重要,包括大多数社会科学。但是对于生态学尤为重要,即生态学这门科学是以寻求在一个有各种驱动的环境领域中对有机体之间的相互联系进行理解的整体分析为基础的。生态系统是一定空间内由生物成分和非生物成分组成的一个生态学功能单位,即它是进行生态学分析的最基本的单位,它包括在一个给定的环境中相互依赖的全部种类与数量的生物。自然界中的生态系统多种多样、大小不一。小至一滴湖水、一条小沟、一方池塘、一片花丛,大至森林、草原、湖泊、海洋,以至整个生物圈,都是一个生态系统。从人类的角度理解,生态系统包括人类本身和人类的生命支持系统——大气、水、生物、土壤和岩石,这些要素也在相互作用构成一个整体,即人类的自然环境。除了上述自然生态系统以外,还存在许多人工生态系统,例如,农田、果园、畜牧场、养鱼场等,都属于生态系统。

生态系统多种多样,但不同的系统在各个部分的构成上都有一定程度的稳定性,同时也是动态的和变化的,因此各部分也在不断地重构其自身。总结起来,任何生态系统都具有以下共同特征。

第一,具有能量流动、物质循环和信息传递三大功能。生态系统内能量的流动通常是单向的,不可逆转的,但物质的流动是循环式的[①]。信息传递包括物理信息、化学信息、营养信息和行为信息,构成一个复杂的信息网。

第二,具有自我调节的能力。生态系统受到外力的胁迫或破坏,在一定范围内可以自行调节和恢复。系统内物种数量越多,结构越复杂,则自我调节能力越强。

第三,是一种动态系统。所有的系统在各个部分的构成上都有一定程度的稳定性,但系统同时也是动态和变化的,因此各个部分也在不断更新其自身,存在着一个自然平衡,但它是动态的、变化的,并非静止的。

二、生态系统的组成

生态系统中的成分千千万万,但归纳起来,主要是由以下几部分组成的。

无机物:包括氮、氧、二氧化碳和各种无机盐等。

有机化合物:包括蛋白质、糖类、脂类和土壤腐殖质等。

气候因素:包括温度、湿度、风和降水等,来自宇宙的太阳辐射也可归入此类。

生产者:是指曾进行光合作用的各种绿色植物、蓝绿藻和某些细菌。

消费者:是指以其他生物为食的动物(植食动物、肉食动物、杂食动物和寄生动物等)。

分解者:是指分解动植物残体、粪便和各种有机物的细菌、真菌、原生动物、蚯蚓和秃鹫等食腐动物。

生态系统中的生物成分按照其在生态系统中的功能可划分为三大类群:生产者(自养生物)、消费者(异养生物)和分解者(还原者),也即上述组成部分中的后三种。前三种可以概括为生态系统的非生物组成部分。

---

① 陈继红. 浅析城市生态系统特征[J]. 国土与自然资源研究,2004(04):56-57.

正是生态系统中的这三大类群与非生物环境及太阳能共同进行着生态系统中的物质循环和能量流动。

另外,人类出现后,在为了生产与自然界的斗争中,运用自己的智慧和劳动,不断地改造自然,创造和改善自己的生产条件。同时,又将经过改造和使用的自然物和各种废弃物还给自然界,使它们又进入自然界参与物质循环和能量流动的过程。其中,由于人类过度向自然索取及排放废弃物,超过了地球的供给能力与承载能力引起环境质量下降或破坏生态平衡,影响了人类和其他生物的生存和发展,从而产生了环境问题。

三、食物链和食物网

各种生物之间存在着取食与被取食的关系,食物能量从它的植物源出发,经由一系列的消费者有机体,其间吃与被吃的过程被多次重复,这种食物能量的传输就称为食物链。我国民谚所说的"大鱼吃小鱼,小鱼吃虾米"就是食物链的生动写照。例如,人类吃大鱼,大鱼吃小鱼,小鱼吃浮游动物,浮游动物以浮游植物为食,而浮游植物通过光合作用生产出碳氢化合物。还有一个特殊的生态消费者阶层——食腐屑者,取食并分解死亡有机体和生物有机体的废弃食物,并将重要的营养化学成分返还给土壤。当然,自然界中实际存在的取食关系要复杂得多。例如,小鸟不仅吃昆虫,也吃野果;野兔不仅被狐狸捕食,也被其他食肉兽捕食。因此,许多食物链经常互相交叉,形成一张无形的网络,把许多生物包括在内,这种复杂的捕食关系就是食物网。

食物网的重要意义在于食物网生态系统的稳定性。因为食物网中某个环节(物种)缺失时,其他相应环节能起补偿作用。相反,食物网越简单,则生态系统越不稳定。

在食物链的每一个传输点,即一个进食或营养层次上,都有些能量要丧失或被转化为热,因此,可用于氧化作用的高质能量在每一层次都要缩减,即能量的流动总是从集中到分散,从能量高向能量低的方向传递。能量这一"飞流直下"的趋势被称为熵。当能量在食物网中流动时,其转移效率是很低的,下面营养级所储存的能量只有大约10%能够被上一营养级所利用,其余大部分能量被消耗在该营养级的呼吸作用上,以热量的形式释放到大气中去,这在生态学上被称为10%定律或1/10定律。

由此可见,产生于燃烧或生物氧化作用过程的热量最终会在全球扩散并辐射回空间。所以,不同于物质,能量是不能循环的。这样的无效意味着储存的潜在能量只有一部分变成实际的动能,对于我们现在依靠几万年前储存的能源资本生活,这是一个巨大的恩赐。能量这种熵的趋势告诉我们地球储存的能量资源是有限的,它将有可能被我们耗尽。更确切地说,我们将不会绝对耗尽它们,但它们可能会变得很稀少或很低的等级,使开掘、提炼和运输它们的必要能源和投资成本超过了其使用价值。为了得到同样数量的能源,我们将不得不越来越努力地像挤压海绵一样,但我们这样做时对环境的损害也将增加。

同时,营养级数目越大,累积起来的被损失的能量就越多,这就解释了为什么需要更多的较低营养级种群数量来供养很少的较高层次的种群数量,尤其是在食物链的顶端。食物链或食物网同时也是食物金字塔。这种能量流动的金字塔可以解释为什么如果人们主要在较低层次上进食(直接食用谷物和小麦或大米)要比在较高层次上进食(食用以谷物喂养的牛)能养活更多的人口。

理解食物链之所以重要还有另一个重要原因。污染物和毒素也在这一过程中传输,它们不但不会失去功效,还会在从较低向较高营养级转化的过程中变得更加集中。当其达到人们消费的食物链顶端的动物的鲜肉时,毒素(如杀虫剂和污染物)会变得集中,以至于有害于人类健康,即污染物或毒素在食物链的传输过程中具有富集效应。富集效应也称生物积累,例如,有毒化学灭蚁灵不再倾入安大略湖(美)已有30多年了,但是其在鱼肉中被发现的比率仍多达万分之0.07。这一数字显然很小,但是,这一数字意味着:就好比你喝下安大略湖一半的水所含的灭蚁灵才相当于你吃下仅一条鱼所含的灭蚁灵。

四、生态系统的功能

生态系统具有三大功能:能量流动、物质循环和信息传递。

(一)能量流动

地球是一个开放系统,存在着能量的输入和输出。能量输入的根本来源是太阳能,它被生物构建成各种复杂形式来使用,并且最终大多会作为临近地球表面的低度热能释放到环境中。

生态系统中的能量流动是按照热力学第一定律和热力学第二定律进行的。根据热力学第一定律,能量可以从一种形式转化为另一种形式,在转化过程中,能量既不会消失,也不会增加,这就是能量守恒原理,根据热力学第二定律,能量的流动总是从集中到分散,即从能量高处向能量低处传递,在传递过程中总会有一部分能量成为无用能被释放出去。地球生物圈中能量的转移是热力学定律的最好说明。据测定,进入地球大气圈的太阳能为每分钟每平方厘米8.368焦,其中约30%被反射回去,20%被大气吸收,其余的46%到达地面。地球表面上大部分地区没有植物,到达绿色植物上的太阳能辐射只有10%左右,植物叶面又反射一部分,能被植物利用太阳能的只有1%左右,就是这极其微小的部分太阳能每年制造出(1500~2000)×10^8吨有机物质(干重),是绿色植物提供给全球消费者的有机物总量。绿色植物实现了从辐射能向化学能的转化,然后以有机质的形式通过食物链把能量传递给草食性动物,再传递给肉食性动物。动植物死亡后,其躯体被微生物分解,把复杂的有机物转化为简单的无机物,同有机物中储存的能量释放到环境中去。生产者、消费者和分解者的呼吸作用也要消耗部分能量,被消耗的能量也以热量的形式释放到环境中,这就是全球生态系统中能量的流动。

在热力学定律的约束下,自然界中大大小小的生态系统处于完美的和谐之中。如果没有人类过分的干预,这些生态金字塔不会在短期内遭到破坏。大自然赋予生物多样性使生态系统更加和谐。由于存在着这种多样性,每种生物都会在生态系统中找到适宜的栖息地。当某种病害袭来时,只有某些敏感的物种遭到伤害,灾害过后,幸存的物种可能使生态系统得以复苏。

不幸的是,这种生态平衡虽然很精巧,但很脆弱,易遭外力破坏。人类虽无力改变热力学定律,但往往能轻易地破坏生态金字塔和生物多样性,使不少地区陷入"生态危机"之中。

(二)物质循环

有机体中几乎可以找到地壳中存在的全部90多种天然元素。但是,生物学研究表明,对生命必需的元素只有大约24种,即碳、氧、氮、氢、钙、磷、钠、钾、氯、镁、铁、碘、铜、锰、锌等。上述元素中的四种,即碳、氢、氧和氮,占生物有机体组成的99%以上,在生命中起着最为关键的作用,被称为"关键元素"或"能量元素"。其他元素分为两类:大量元素和微量元素。其中的微量元素虽然数量少,但其作用不亚于常量元素,一旦缺少,动植物就不能生长。反之,微量元素过多也会造成危害。当前的环境污染问题中,有些就是由于某些微量元素过多引起的。

这里以碳循环为例介绍物质循环。

碳是构成生物体的基本元素,占生物总质量的25%。在无机环境中,以二氧化碳和碳酸盐的形式存在。

生态系统中碳循环的基本形式是大气中的CO_2通过生产者的光合作用生成碳水化合物,其中一部分作为能量为植物本身所消耗,植物的呼吸作用或发酵过程中产生的CO_2通过叶面和根部释放回到大气圈,然后再被植物利用,也即被植物利用。

碳循环的第二种形式是植物生产的碳水化合物另一部分被动物消耗,食物氧化产生的CO_2通过动物的呼吸作用回放到大气;动物死亡经微生物分解产生的CO_2也回到大气中,再被植物利用,也即被动物利用。

碳循环的第三种形式是生物残体埋藏在地层中,经漫长的地质作用形成煤、石油和天然气等化石燃料,通过燃烧和火山喷发放出大量的CO_2再一次进入到生态系统的碳循环中,也即能量固定与释放。

由此可见,在这些物质循环中,没有什么物质被破坏而只是其化学构成被重新安排了,实际上(除核反应)没有物质能够被破坏,物质不变定律就是指物质不可能被创造或破坏,而只不过改变了形式。然而,正是这种形式的改变一旦超过某些生态系统的承受能力,便会引发环境问题或生态危机。

同其他物种一样,人类也需要空间,清洁的空气、食物和其他基本营养物质以求生存和维持一定质量的生活,但是如果相对于环境来说,人口规模过大,生态系统的承载力就会被过度使用,而人类的福利就会受到威胁,如造成营养不良、疾病、饥荒,各种各样的社会压力,以及为了争夺资源而展开的战争。然而,尽管出现了地方性和区域性的灾难,人口总的数量却在一直增加。这是由于我们进行了技术、文化和社会的改变,扩展了地球的承载力(而对其他许多物种的承载力则在缩小),但这一问题确实值得关注。

（三）信息传递

信息传递是生态系统的重要功能之一。生态系统中的各种信息形式主要有以下四种。

物理信息：由声、光、颜色等组成。例如，动物的叫声可以传递惊慌、警告、安全和求偶等信息；某些光和颜色可以向昆虫和鱼类提供食物信息等。

化学信息：由生物代谢作用产物（尤其是分泌物）组成的化学物质。同种动物间释放的化学物质能传递求偶、行踪和划定活动范围等信息。

营养信息：由食物和养分构成。通过营养交换的形式，可以将信息从一个种群传递给另一个种群。食物网和食物链就是一个营养信息系统。

行为信息：通过不同的动作传递不同的信息。例如，某些动物以飞行姿势和舞蹈动作传递觅食和求偶信息。

第二节 环境问题概述

一、环境与环境问题

环境是指生物有机体周围空间以及其中可以直接或间接影响有机体生活和发展的各种因素，包括物理、化学和生物要素的总和。环境必须相对于某一中心或主体才有意义，不同的主体其相应的环境范畴不同。如以地球上的生物为主体，环境的范畴包括大气、水、土壤、岩石等；以人为主体，还应包括整个生物圈，除了这些自然因素，还有社会因素和经济因素。

环境科学所研究的主体是人类，故其环境指的是人类的生存环境。其内涵可以概括为：作用于人的一切外界事物或力量的总和。随着人类社会的发展，环境的范畴也会相应地改变。

月球是距地球最近的星体，它对地球上海水潮汐等现象有影响，但对人类生存和发展的影响现在还很小，所以，现阶段还没有把月球视为人类的生存环境，也没有哪一国的环境保护法把其归于人类生存环境范畴。但是，随着宇宙航行和空间技术科学的发展，将来人类不但要在月球上建立空间实验站，还要开发月球上的资源。当人类频繁地来往于月球和地球之间时,它就会成为人类生存环境的重要组成部分。所以,人们要用发展的眼光来认识环境、界定环境的范畴。人类与环境之间是一个相互作用、相互影响、相互依存的对立统一体。

人类的生产和生活活动作用于环境,会对环境产生有利或不利的影响,引起环境质量的变化;反过来,变化了的环境也会对人类的身心健康和经济发展产生有利或不利的影响。

人类在生存和发展过程中不恰当的生产和生活活动引起全球环境或区域环境质量恶化时,即出现了不利于人类生存和发展的环境问题。人类环境问题按成因的不同,可分为自然的和人为的两类。前者是指自然灾害问题,如火山爆发、地震、台风、海啸、洪水、旱灾、沙尘暴等,这类问题在环境科学中被称为原生环境问题或第一环境问题;后者是指由于人类不恰当的生产与生活活动所造成的环境污染、生态破坏、人口急剧增加和资源的破坏与枯竭等问题,这类问题称为次生环境问题或第二环境问题。我们在环境科学学科中着重研究的不是自然灾害问题,而是人为的环境问题,即次生环境问题。由于环境是人类生存和发展的物质基础,环境问题的出现也日益严重,引起人们的普遍关注和重视,同时也促进了环境科学的发展。

二、环境问题的产生

人类是环境的产物,又是环境的改造者。人类在同自然界的斗争中,运用自己的智慧,不断地改造自然,创造新的生存条件。然而,出于人类认识自然的能力和科学技术水平的限制,在改造环境的过程中,往往会产生意想不到的后果,造成环境的污染和破坏。

环境问题的产生是从人类对自身生存环境的破坏开始的。在原始社会,人类以采集和猎获天然动、植物为生,生产力低下,故那时的人类对环境基本上不构成危害和破坏,即使局部环境受到了破坏,也很容易通过生态系统自身的调节得以恢复。到了奴隶社会和封建社会,随着生产工具不断改进,生产力水平不断提高,人类改造自然的能力也随之提高,其生产或生活活动会使局部区域内的环境受到破坏。古代经济发达的美索不达米亚、希腊等地区,即是由于不合理的开垦和灌溉变成荒芜不毛之地的;我国的黄河流域是人类文明的重要发源地之一,原本森林茂密、土地肥沃,西汉末年和东汉时期的大规模开垦,促进了当时农业生产的发展,但长期的滥砍森林,使该区水土流失严重,如今已是沟壑纵横、土地贫瘠、干旱缺水,生存条件极为恶劣。

18世纪后半叶开始的第一次工业革命,蒸汽机的发明和使用,人类改造自然的能力显著增强,西方国家也因此由农业社会转变为工业社会。工业的迅速崛起,工业企业集中分布的工业区和城市大量涌现,城市和工矿区出现了不同程度的环境污染问题。如在英国伦敦,从1873年至1892年间发生了多起烟雾污染事件,并夺走了数千人的生命;工业废水和城市生活污水使河流和湖泊水质急剧下降,泰晤士河几乎成为臭水沟;对矿物的大量开采使土地和植被受到严重破坏和污染,大片矿区及其邻近土地成为不毛之地。这时期环境问题的特点是工业污染和工业原材料开发引起的环境破坏。不过,由于社会与经济发展的差异,这一时期环境问题仍然是区域性的。

19世纪电的发明和大量使用使人类进入了电气化时代,特别是在第二次世界大战以后,社会生产力突飞猛进。能源、原材料消耗数量急剧增加,导致对自然资源开发与污染物排放达到空前的规模,一些工业发达国家普遍发生环境污染问题,如著名的"八大公害"事件。从20世纪60年代起,化学工业的迅速发展,合成并投入使用了大量自然界中不存在的化合物(如农药等),加剧了全球环境质量的恶化。在工业发达国家,大气SO_2、粉尘、农药、噪声、核辐射、工业废水和城市生活污水污染,以及矿山和冶金工业的重金属污染对经济发展和人民身心健康构成了严重威胁。除受到污染外,人们发现地球上人类生存的环境也在日趋恶化。人口大幅度增长、森林过度砍伐、水土流失加剧、荒漠化面积扩大、土地盐碱化等问题也向人类的生存和经济发展提出了严峻的挑战。人类首次感觉到环境污染和生态破坏已成为关系到自身生存和发展的重大现实问题。

从20世纪60年代开始,西方发达国家公众的环境意识日益增强,展开了声势浩大的环境运动,要求政府采取有效手段治理日益严重的环境污染。罗马俱乐部提交了著名的报告——《增长的极限》,并成功地使全世界对环境问题产生了"严肃的忧虑"。1972年,联合国在瑞典首都斯德哥尔摩召开人类环境会议,通过了《人类环境宣言》,可以说这是人类社会对严峻的全球环境问题的正式挑战①。1987年,世界环境与发展委员会(WCED)向联合国大会提交的研究报告《我们共同的未来》则标志着人类对环境与发展的认识在思想上有了重大飞跃。1992年,联合国在巴西里约热内卢召开的"环境与发展"大会,标志着人类对环境与发展的观念升华到了一个崭新阶段。这些会议和活动表明环境问题是当代世界上一个重大的社会、经济、技术问题,特别是随着社会、经济的发展,环境污染正以一种新的形态在发展,生态破坏的规模和范围也在进一步扩大。而环境污染和生态破坏所造成的影响已从局部向区域和全球范围扩展,并上升为严肃的国际政治问题和经济问题。

三、全球性环境问题及危害

全球性环境问题的产生是多种因素共同作用的结果。长期以来,由于人类热衷于改造环境,从而导致各种环境问题。其影响范围也从区域扩展到全球,并给人类的生存和发展造成了极大的威胁。当前威胁人类生存的主要环境问题可归纳如下。

(一)全球气候变化

人类活动产生大量二氧化碳(CO_2)、甲烷(CH_4)、氧化亚氮(N_2O)等微量气体,当它们在大气中的含量不断增加时,即产生所谓温室效应,使气候逐渐变暖。全球气候的变化,对全球生态系统带来了威胁和严峻的考验。如:全球升温使极地冰川融化、海水膨胀,从而使海平面上升;全球气候变化还使全球降雨和大气环流发生变化,使气候反常,易造成旱涝灾害;全球气候变化将导致生态系统发生变化和遭到破坏,对人类生活产生一系列重大影响。

根据政府间气候变化专门委员会的预测,到21世纪中叶,大气中二氧化碳等有效含量将增加0.056%,是工业革命前的2倍,届时全球气温将上升1.5℃～4.5℃,海平面将升高0.3～0.5米,许多人口密集地区都将被海水淹没,而气温的升高和极端气候频发将对农业和生态系统产生严重影响。为应对全球气候变化,1992年,工业化国家在巴西里约热内卢做出保证,要使造成温室效应的废气排放稳定下来,但多数国家并没有做到这一点。1997年12月联合国气候变化框架公约参加国通过三次会议制定了《京都

---

①董成. 全球生态文明建设的中国实践[J]. 湖南社会科学,2022(02):109-116.

议定书》，其目标是"将大气中的温室气体含量稳定在一个适当的水平，进而防止剧烈的气候改变对人类造成伤害"，协议要求将二氧化碳的排放量控制在比 1990 年排放量降低 5% 的水平。1998 年 3 月 16 日至 1999 年 3 月 15 日是协议开放签字的时间，2005 年 2 月 16 日协议开始强制生效；到 2005 年 9 月，一共有 156 个国家通过了该协议，协约国排放量占全球排放量的 61% 左右。

(二)臭氧层破坏

在距离地球表面 10～50 千米的大气平流层中集中了地球上 90% 的臭氧(O_3)气体，在离地面 25 千米处臭氧浓度最大，并形成了厚度约为 3 毫米的臭氧集中层，称为臭氧层。臭氧层能吸收太阳的紫外线，以保护地球上的生命免遭过量紫外线的伤害，并将能量贮存在上层大气中，起到调节气候的作用。但臭氧层是一个很脆弱的气体层，如果一些会和臭氧发生化学作用的物质进入臭氧层，臭氧层就会遭到破坏，这将使地面受到紫外线辐射的强度增强，给地球上的生命带来很大的危害。

大量观测和研究结果表明，南北半球中高纬度大气中臭氧已经损耗了 5%～10%，在南极的上空臭氧层损失高达 50% 以上，形成了所谓的臭氧层空洞。臭氧的减少使到达地面的短波长紫外辐射(UV-B)的辐射强度增强，导致皮肤病和白内障的发病率增高，植物的光合作用受到抑制，海洋中的浮游生物减少，进而影响水生生物的生存，并对整个生态系统构成威胁。

(三)生物多样性减少

生物多样性是指所有来源的形形色色的生物体，这些来源包括陆地、海洋和其他水生生态系统及其所构成的生态综合体，它包括物种内部物种之间和生态系统的多样性。在漫长的生物进化过程中会产生一些新的物种，而随着生态环境的变化，也会使一些物种消失。近年来，由于人口的急剧增加和人类对资源的不合理开发，加之环境污染等原因，地球上的各种生物及其生态系统受到了极大的冲击，生物多样性也受到了很大的损害。

据估计，世界上每年至少有 5 万种生物物种灭绝，平均每天灭绝的物种达 140 个。由于人口增长和经济发展的压力，对生物资源的不合理利用和破坏,中国的生物多样性所遭受的损失也非常严重,大约有200个物种已经灭绝;估计有5000种植物在近年内处于濒危状态,约占中国高等植物总数的20%;大约还有398种脊椎动物也处在濒危状态,约占中国脊椎动物总数的7.7%。因此,保护和拯救生物多样性以及这些生物赖以生存的生活条件,同样是摆在我们面前的重要任务。

(四)酸雨危害

酸雨是指大气降水中酸碱度(pH值)低于5.6的雨、雪或其他形式的降水,是大气污染的一种表现。酸雨对人类环境的影响是多方面的:酸雨降落到河流、湖泊中,会妨碍水中鱼、虾的生长,以致鱼虾减少或绝迹;酸雨导致土壤酸化,破坏土壤的营养,使土壤贫瘠化;酸雨还危害植物的生长,造成作物减产或危害森林的生长。此外,酸雨还腐蚀建筑材料,有关资料表明,近十几年来,酸雨地区的一些古迹特别是石刻石雕或铜塑像的损坏超过以往数百年甚至上千年的影响。我国华南地区是世界上有名且影响最大的酸雨区。

(五)土地退化和荒漠化

全世界有80%的人口生活在以农业和土地为基本谋生资源的国家里,然而在许多热带、亚热带和干旱地区,土地资源已严重退化。

全球退化土地估计有19.6亿公顷,其中38%为轻度退化,46.5%为中度退化,15%为严重退化,0.5%为极严重退化。人类活动,尤其是农业活动,是造成土地退化的主要原因。在北美,这类活动影响了不少于52%的退化干旱地区,墨西哥北部以及美国和加拿大的大平原和大草原地区受到的影响最大。农业活动还在不同程度上造成了发展中国家不同形式的土地退化。许多农村开发项目的目标都是增加农作物产量和缩短耕地休闲期,这些导致土壤营养的净流失,大大降低了土壤的肥力。而化肥、农药的大量使用,则对一些土地造成了严重污染。

对森林的过量砍伐是造成土地退化的另一个原因。毁林导致土地退化情况最严重的地区是亚洲,其次是拉丁美洲和加勒比地区。从绝对数量看,毁林的危害仅次于过度放牧。如果植被全部或部分受损或消失,地球表面的反射率、地表温度和蒸发量都将发生改变。土壤的脆弱度和生态系统的复原力都会随着土地的使用强度而发生变化,从而导致土地退化。

在草场、灌木林和牧场过度放牧也会导致土地退化。当前过度放牧面积已达6.8亿公顷,占退化干旱土地总面积的三分之一以上,尤其是在东非和北非,牛的存栏量过大致使土地严重退化。

除与人类活动直接有关的土地退化原因外,年降雨量和雨水蒸发量等重要的气候因素的变化也是主要原因,而这些变化又是与农业、城市发展及工业等行业强化使用土地相伴随的。在干旱地区,退化土地总面积中有近一半是水土流失作用造成的。水土流失使非洲5000多万公顷干旱土地严重退化。

(六)海洋污染与渔业资源锐减

海洋是生命之源。由于过度捕捞,海洋的渔业资源正以无法想象的速度减少,许多靠捕捞海产品为生的渔民正面临着生存危机,不仅如此,海产品中的重金属和一些有机污染物等有可能对人类的健康带来威胁。人类活动使近海区的氮和磷增加了50%～200%,过量营养物导致沿海藻类大量生长,波罗的海、北海、黑海、东中国海等海域经常出现赤潮。

(七)人口爆炸,城市无序扩大

人口、资源、环境是困扰当今社会最严峻的问题,而人口问题则是这些问题中起关键作用的因素。人口的大量增加以及城市的无序扩大,使城市的生活条件恶化,造成拥挤、水污染、卫生条件差、无安全感等一系列问题,对环境产生了严重破坏。

几千年来,人类文明的发展基本上是以消耗大量环境资源为代价换来的。这一过程使生态环境不断恶化,并累积和形成了许多重大的生态环境问题。我国是一个历史悠久、人口众多的国家,生态环境的恶化更为显著,问题更为严重,因此,解决重大的生态环境问题,改善生态环境,提高生态环境功能,逐步走上可持续发展道路,是我国生态环境保护的基本国策。

第三节 生态平衡破坏

一、生态平衡

任何一个正常、成熟生态系统,其结构与功能都包括其物种组成、各种群的数量和比例,以及物质与能量的输入与输出等方面,都处于相对稳定状态。就是说在一定时期内,系统内生产者、消费者和分解者之间保持着一种动态平衡,系统内的能量流动和物质循环在较长时期内保持稳定。这种状态就是生态平衡,又称自然平衡。

如果生态系统中物质与能量的输入大于输出,其总生物量增加,反之则生物量减少。在自然状态下,生态系统的演替总是自动地向着物种多样化、结构复杂化、功能多样化的方向发展。如果没有外来因素的干扰,生态系统最终必将达到成熟的稳定阶段。此时,生物种类最多,种群比例最适宜,总生物量最大,系统的内稳定性最强。生态系统结构愈复杂,物种愈多,食物链和食物网的结构也就复杂多样,能量流动与物种循环就可以通过多渠道进行,有些渠道之间可以起相互补偿的作用。一旦某个渠道受阻,其他渠道有可能代替其功能,起着自动调节作用。当然,这种调节作用是有限度的,超过这个限度就会引起生态失调,乃至生态系统的破坏。

二、影响生态平衡的因素

影响生态平衡的因素既有自然的,也有人为的。自然因素如火山、地震、海啸、林火、台风、泥石流和水旱灾害等,常常在短期内使生态系统破坏或毁灭。[①]人为因素包括人类有意识"改造自然"的行动和无意识造成对生态系统的破坏。例如,砍伐森林、疏干沼泽、围湖围海和环境污染等,这些人为因素都能破坏生态系统的结构与功能,引起生态失调,直接或间接地危害人类本身。所谓"生态危机"大多是指人类活动引起的此类生态失调。当前,由于人类的行为所造成的生态危机很多,就连人类种植庄稼也会引起生态失调。有人把只种植一种东西的区域称为单种培植地。由于在一块区域只种植一种植物,自然会降低这一区域的生物多样性,相应

---

① 张晓. 确立我国生态安全战略新理念[J]. 河南社会科学, 2004(06):142-143.

地,也就降低了它的强壮度和抵抗性。为此,如果想要持续维持这样一块单种培植地,那么就必须花费大量的努力,如清除杂草,使用除草剂、杀虫剂等防止其他物种的入侵。显而易见,它们更容易遭到干旱和疾病的破坏。例如,19世纪爱尔兰土豆饥荒就是一个由于农业单种培植地的崩溃而导致灾害的例子。一场真菌感染(枯萎病)持续若干年,杀死了爱尔兰土豆作物,结果造成饥荒和内乱,并且爆发了大规模的爱尔兰人向诸如美国、加拿大、澳大利亚等国家迁移的浪潮。

人是自然界的产物,人作为自然的存在必须依赖于自然界。然而,自然界并不是无条件地把一切都奉献给人,人们需要采取一定的措施从自然界获得适于自己生存的资源,并在自然界中创造适于自己生活的环境。同时,人们为了控制自然界神秘莫测的危害(包括生态危机),也必须采取相应的手段。正是在这种人与自然界的互动中,出现了技术。随着人类社会的发展,技术也在不断发展。但是,由于人类的贪欲与无知,只顾眼前或局部利益,而忽视了长远和全球利益等原因,造成随着新技术的开发与使用,环境问题与生态危机却愈演愈烈。如原子能和核能的使用就存在着潜在的、巨大的生态危机。

当然,所有这些并不意味着人类应从科学的惊人成就上倒退下来,也不是对于科学的未来使用价值抱有怀疑。现在的科学技术,是用来解释事物之间的内在联系,而绝不是使事物割裂开来,它能够为人类在所处环境中,提供更好的、更可靠的和更明智的工作方法,以改进和稳定大自然中变化无常的各种现象,但是危险依然存在。如在使用原子能这样巨大的力量时,人们需要有最大限度的智慧、冷静的理性和自尊心。如果人类继续让自己的行动被分裂、敌对和贪婪所支配,它们就将毁掉地球环境中的脆弱的平衡。而一旦这些平衡被毁坏,人类也就不可能再生存下去了。所以,我们要切记:我们的任何行动都不是孤立的,对自然界的任何侵犯都有无数效应,其中许多效应是不可逆的。

第四节 资源短缺

人类出现以后,在为了生存而与自然界的斗争中,运用自己的智慧和劳动,不断地改造自然,创造和改善自己的生存条件。同时,又将经过改造和使用的自然物和各种废弃物还给自然界,使它们又进入自然界参与了物质循环和能量流动过程。这本是生态循环的正常程序,但由于人类的贪婪与无知,却引发了一系列的资源短缺问题。产业革命后,社会生产力的迅速发展,机器的广泛使用,为人类创造了大量财富。工业动力的使用猛增,产品种类和产品数量急剧增大,农业开垦的强度和农药使用的数量也迅速扩大,致使许多国家普遍发生了严重的环境污染和生态破坏的问题。同时,随着全球人口的急剧增长和经济的快速发展,资源需求也与日俱增,人类正面临某些资源短缺和耗竭的严重挑战,资源问题威胁着人类的生存和持续发展。

一、水资源

(一)全球淡水资源短缺形势分析

水是人类环境的主要组成部分,更是生命的基本要素。多少世纪以来,人们普遍认为水资源是大自然赋予人类的,取之不尽,用之不竭,因此不加爱惜,恣意浪费。但近年来越来越多的人警觉到,水资源并不像想象中那么丰富,很多地区出现的水荒已经造成了对经济发展的限制和人们生活的影响。1997年6月,在纽约召开的联合国第二次全球环境首脑会议首次提出了水资源的问题,并警告:"地区性的水危机可能预示着全球性危机的到来"。

地球上水的总量并不小,但与人类生活和生产活动关系密切且比较容易开发利用的淡水储量仅有400立方千米左右,占全球总水量的0.3%,其主要是河流水、湖泊水和地下水。

1998年3月19—21日,84个国家的部长代表团和许多非政府组织汇集法国巴黎,认真谈到了水资源与可持续发展的关系。会议指出,对水资源消耗的不断增加已经与可利用的水资源储量不相符。世界水资源研究所认为,全世界有26个国家的2.32亿人口已经面临缺水的威胁,另有4亿人口用水的速度超过了水资源更新的速度,世界上有约1/5人口得不到符合卫生标准的淡水。世界银行认为,占世界40%的80多个国家在供应清洁水方面有困难。其他研究单位的报告也不能令人乐观,他们预计,在20～30年内,淡水拥有量不足的人口数将达15亿。

水的短缺不仅制约着经济的发展,影响着人民赖以生存的粮食的产量,还直接损害着人们的身体健康。更值得提出的是,为争夺水资源,在一些地区还常会引发国际冲突。如水资源匮乏就是中东、非洲等地区国家关系紧张的重要根源。同一条河流的上游、下游国家可能因为水量或水质而发展争执。

中东地区具有世界上最富裕的石油矿藏,但淡水资源奇缺,这就埋下了国际冲突的种子。阿拉伯各国素以兄弟相称,但生命攸关的水资源之争却会使他们反目成仇。例如,阿拉伯河的主权问题曾引发了伊朗和伊拉克之间长达8年之久的战争;围绕约旦河水的分配问题,约旦贝都因人对以色列人的仇恨与日俱增;在如何分配尼罗河水的问题上,埃及与苏丹、埃塞俄比亚等国之间也是争执不断;旷日持久的阿以冲突与水有不可分割的联系。

近年来,中东地区的人口一直以3%以上的速度增长,用水量也急剧增加,据统计,到2010年,中东地区22个国家的人口已增加到4.2亿,加上连年干旱,用水不当和水质污染,该地区的水危机必将进一步加剧。曾有专家发出预言:如果该地区国家近期不能共同找到妥善的解决办法,中东地区的水战终将难免,该地区也将变成一个干旱和饥饿的地区。

非洲是地球上另一个严重缺水的地区,在世界上缺水的26个国家中,有11个都位于非洲。近30年来,非洲的人口增长率为3%,而粮食增长率却只有2%,水资源的匮乏是粮食生产不能满足要求的主要原因之一。

(二)中国水资源短缺形势分析

中国人均水资源量不大,只相当于世界人均水资源占有量的1/4,居世界第110位。除了水资源不足外,中国水资源存在着严重的分布不均匀性。

水资源分布的趋势是东南多西北少,相差悬殊。南方长江流域、珠江流域、浙闽台诸河片和西南诸河四个流域片的耕地面积只占全国耕地面积的36.59%,但水资源占有量却占全国的81%,人均水资源量约为全国平均值的1.6倍,平均每公顷耕地占有的水资源量则为全国平均值的2.2倍;而北方的辽河、海滦河、黄河、淮河四个流域片耕地很多,人口密度也不低,但水资源占有量仅为全国总量的19%,平均每公顷耕地占有的水资源量则为全国平均值的15%,因此我国北方不少地区和城市缺水现象十分严重。农业缺水和城市缺水是中国缺水的两大主要表现。由于中国是农业大国,农业用水量占全国用水量的绝大部分。全国有效灌溉面积占全国耕地的50.2%,近一半的耕地得不到灌溉。

城市是人口密集和工业、商业活动频繁的地区,城市缺水在中国表现得十分严重。据统计,我国600多座城市中有400多座城市供水不足,其中100多个城市严重缺水;我国尚有3.6亿农村人口喝不上符合卫生标准的水;造成水资源短缺的原因与供水资源的丰富程度、需求量等有关,但是还应该指出的是,人类在用水过程中的不合理利用也是造成水资源短缺的重要原因。如随着工业和农业的发展,我国目前的废水排放总量为439.5亿吨,超过环境容量的82%;我国七大江河水系,劣五类水质占40.9%,75%的湖泊出现不同程度的富营养化;人们生活水平的提高,用水量逐年增加等。

(三)如何解决缺水问题

解决缺水问题最迅速的方法是提高用水效率和保护水源。首先,应该用更有效率的灌溉系统来代替目前极端浪费的灌溉系统。城市可在不降低生活质量、经济产出的情况下节约用水或提高水价。但是,从长远来看,技术节水的有效性必将受到人口陷阱的限制。我们确实可以通过节约来保护现存的供应,但由于水循环是一定的,我们无法使总供应增加太多。所以,如何解决人口增加与水需求翻番仍是我们面临的一个难题。

二、土地资源

(一)世界土地资源概况

土地作为一种资源有两个主要属性:面积和质量。

众所周知,在全球总面积中,大陆和岛屿仅占29.2%,其中还包括南极大陆和其他大陆上高山冰川所覆盖的土地。因此全球无冰雪覆盖的陆地面积仅为全球总面积的26%。对于全世界居民而言,这无疑是一个巨大的数字。就人均而言,1900年世界人口约为16亿,此时人均占有陆地面积10万平方米。当前世界人口约为60亿,人均占有土地约为2.5万平方米。这个数字从任何意义上说都不算小。

然而,考虑到土地的质量属性,则这些数字就要大打折扣。所谓土地的质量,从农业利用的角度看,包括土地的地理分布、土层厚度、肥力高低、水源远近、地势高低、坡度大小等。从工矿和城乡建设用地的角度,还要考虑地基的稳定性、承载力和受地质地貌灾害(火山、地震、滑坡等)、气象灾害(干旱、暴雨、大风等)威胁的程度。在土地质量诸要素中,还有一个重要的因素,即土地的通达性,包括土地距离现有居民点的远近,以及道路和交通情况等因素,这些因素影响着劳动力与机械到达该土地所消耗的时间和能量。考虑到上述因素,则陆地面积有20%处于极地和高寒地区,20%属于干旱区,20%为陡坡区,还有10%属于岩石裸露区,缺少土壤和植被。除以上限制性因素,陆地面积中只有30%适宜人类居住。而在适宜居住地中,可耕地占60%~70%,折合人均面积为0.5万平方米。

(二)世界耕地需求的未来趋势

耕地是土地中最重要的部分之一。但是,随着世界人口的增长,人类正在面临土地资源不足的问题。著名的罗马俱乐部对人口的增长和世界土地资源的供求进行了颇具代表性的预测。

该研究表明:直至20世纪初,世界可耕地面积基本保持恒定。但由于世界人口的急剧增长,1900年以后,世界可耕地面积开始逐渐减少。随着人口的增长,按现有生产水平世界耕地面积需求将不断增长,在1950年以后,世界耕地的需求量急剧增加。

要使世界可耕地面积维持恒定,就意味着必须开垦条件较差的处女地,以抵偿可耕地被用作非农用地的损失,使世界耕地面积处于动态平衡状态。但是,开垦处女地只能给人类赢得10年左右的时间。与此同时,世界人口的增长仍在继续,世界人均粮田面积也只能不断减少。假如由于农用技术的进步和农业投资大量增加,农民有可能使用更多的化肥、农药、农业机械和灌溉设施,从而使农业产量得以翻一番乃至翻两番,则土地匮乏出现的时间有可能向后延。然而,上述两种假设都有很大的局限性,实际上难以实现。首先,开垦处女地成本较高,经济上不甚可行;其次,农业生产上有一条"费用递增率",即产量的每次翻番都比上一次耗费高昂。

所以,上述分析向我们提供这样一个清晰的信息:人类将在几十年内面临土地匮乏的问题。尽管对这一天到来的时间仍有争论,但如果人类在控制人口增长和制止耕地损失两方面缺乏有力的措施,则这一天的到来必定为时不远。

(三)中国的耕地资源

中国处于全球地质构造最活跃的两大活动带的挟持之下,东部为环太平洋地质活动带,西部为喜马拉雅地质活动带,结果造成中国的地质灾害频发,地质构造复杂,基础设施建设和修复的成本高昂。

中国的土地资源中耕地大约占世界总耕地的7%。我国耕地的特点主要表现在以下几方面:①人均耕地面积小。我国虽然耕地面积总数较大,但人均占有耕地的面积相对较小,只有世界人均耕地面积的1/4。北京、上海、天津、广东、福建等有些地区低于联合国粮农组织提出的0.05公顷的最低界限。该组织认为,低于此限,即使拥有现代化的技术条件,也难以保障粮食自给。②分布不均匀。综合气候、生物、土壤、地形和水文等因素,我国耕地大致呈现东南湿润,西北干旱。③自然条件差。我国耕地质量普遍较差,其中高产稳产田占1/3左右,低产田也占1/3,而且耕地退化迅速,加上由于污水灌溉和大面积施用农药等原因,耕地受污染严重,加剧了耕地不足的局面。中国依靠占世界7%的耕地养活世界上的22%人口,是一项具有世界意义的伟大成就,但另一方面表明中国耕地资源面临的严峻形势。

造成耕地锐减的原因很多,建设用地就是其原因之一。建设用地包括居民点及工矿用地、交通用地和水利设施用地。我国的优良耕地大都分布在城乡居民点附近,城市、城镇和农村的扩张以及工矿用地的增加,交通线的建设,水利设施的建设占用的耕地大部分是土地生产率极高的上等耕地。其中居民点及工矿用地约占建设用地中的68.3%,应该成为耕地面积变化研究的重点。据预测,到2050年建设用地将扩张1/4。另外,土壤污染也是耕地减少的原因之一。我国土壤污染总体形势相当严峻,受污染的耕地约有1.5亿亩,约占全国耕地的1/10,每年造成的直接经济损失超过200亿元。据不完全统计,目前我国受污染的耕地约有1.5亿亩,其中污水灌溉污染的耕地为3250万亩,固体废弃物堆存占地和毁田为200万亩,污染耕地面积占总面积的10%以上;这样造成每年有1200万吨粮食因重金属污染而无法食用,直接经济损失达到200亿元;土壤的污染也给人体健康造成了很大危害。这些被污染的耕地多数集中在经济较发达的地区。而造成土壤污染的主要原因便是工业污染物的排放,尤其是乡镇企业的固体废弃物的堆放;另外还有污水灌溉,农药的过量使用和肥料的不科学使用。再有,改革开放以来,在社会结构转型过程中,城市化的快速发展,城乡户籍制度的逐渐瓦解,以及农民价值观念的变化,大量农民走进城市,使得农村丢弃土地、荒芜良田的现象时有发生。由于人为与自然因素的影响,我国现有荒漠化土地面积267.4万多平方千米,占国土总面积的27.9%,而且每年仍在增加1万多平方千米;我国18个省大约71个县,近4亿人口的耕地和家园正受到不同程度的荒漠化威胁。

中国是农业大国,耕地不足是中国资源结构中最大的矛盾。为此,在城市化、工业化快速发展的今天,如何促进城乡协调发展是今后面临的重要课题。

三、生物资源

每个社会都拥有三类财富:物质的、社会的和文化的、生物的。我们能理解前两种财富的重要性,因为它们与日常生活密切相关。然而,种类纷繁的植物和动物构成的生物财富却较少关注。

四、森林资源

有人认为,森林是陆地生态系统的中心,在涵养水源、保持水土、调节气候、繁衍物种、动物栖息等方面起着不可代替的作用。它还可以为人类提供丰富的林木资源,支持着以林产品为基础的庞大的工业部门。若非森林的荫蔽,人类的祖先不知何以栖身。农业社会出现以前,地球上大约有60亿公顷的森林,森林曾经覆盖世界陆地面积的45%。现今大约有40亿公顷,其中15亿公顷是原始森林,25亿公顷是次生林,且原始森林仍在减少。中国现有的原始森林已不多,将近3/4的森林已消失。第九次全国森林资源清查表明,目前全国森林覆盖率为21.63%。虽然近年来,我国的森林覆盖率呈增长趋势,但主要是人工林在增长,而作为生物多样性资源宝库的天然林仍在减少,并且残存的天然林也处于退化状态。由于森林的破坏,导致了某些地区气候变化、降雨量减少以及自然灾害(如旱灾、鼠害)日益加剧。

（一）热带毁林

与温带森林相比,热带森林最具生物多样性,但也更脆弱、更易遭到破坏。因为热带丛林生态系统更依赖于森林内部的养分循环,而不是贫瘠的热带土壤。没有了树的遮掩,热带的滂沱大雨会很快冲走土壤的养分,使得周边的农业生产和森林恢复周期既漫长又艰难。现在,全球保留了一半的热带原始森林,但它正面临着过度砍伐和退化。

热带森林的不可再生性就像有限的矿物资源,没有几百年长不成森林,更重要的是,组成热带系统的大量物种将永远消失。所以,热带毁林既有经济代价,又有生物代价。

（二）生物多样性

生态系统的主要功能是物质交换和能量流动,它是维持系统内生物生存与演替的前提条件。[①]保护生物多样性,就是维持了系统能量和物质流动的合理过程,保证了物种的正常发育和生存,从而保持了物种在自然条件下的生存能力和种内的遗传变异度。

然而,正如前所述,热带森林和湿地是保存大量物种的宝库,但它们目前正面临着广泛的威胁。例如,马达加斯加东部森林有1.2万种已知植物和19万种已知动物,其中,至少有60%是本地独有的,而这里的森林已有90%被毁,科学家估计有一半原始物种也随之灭绝了。当然,这仅是特殊的例子。总的来讲,联合国估计在25年内,世界现存生物中的5%将会灭绝。位于黑龙江省东北部的三江平原有中国最大的淡水沼泽湿地,面积为156万多公顷,蕴藏着丰富的生物资源,从高等植物到低等植物有1200多种。然而经过20世纪50年代的北大荒垦荒大开发、60年代中期至70年代末的城市知识青年北大荒土地开发、90年代的引进国外先进农机具等高效率开垦,致使三江平原湿地遭到严重的破坏。湿地水质也被严重污染。三江平原现有大小工矿和乡镇企业7700多个,年排放工业废水1.43亿吨、生活污水0.56亿吨。乌裕尔河沿岸有8个乡镇、541个工业企业,它们所产生的工业废水和生活废水没有经过处理,直接排入江河湖泊中,造成湿地污染、水环境恶化、水生动物大量死亡、野生动物减少、生物多样性遭到严重破坏。目前,丹顶鹤、白鹤等珍稀鸟类的数量已明显减少,冠麻鸭等已

---

①于强,张启斌,牛腾等. 绿色生态空间网络研究进展[J]. 农业机械学报,2021,52(12):1-15.

经绝迹。

生物多样性的减少既有自然因素,也有人为的因素,而且目前人为因素是自鲸目动物年代(6500万年前,恐龙灭绝的时代)物种灭绝浪潮以来,物种灭绝诸因素中最重要的。

生物多样性减少的人为因素可分为三类。

1.过度狩猎和砍伐

由于工业技术的广泛使用,人类对自然开发规模和强度增加,造成过度狩猎与砍伐,人为物种灭绝的速率和受灭绝威胁的物种数量大大增加。已知在过去的4个世纪中,人类活动已经引起全球已知的700多个物种的灭绝,其中包括100多种哺乳动物和160种鸟类,其中1/3是19世纪前消失的,1/3是19世纪灭绝的,另1/3是近50年来灭绝的。20世纪最后10年里灭绝的生物物种将比20世纪前90年所灭绝的物种的总和还要多。

旅鸽在整个美洲大陆的灭绝是一个非常典型的例子。300年前,旅鸽可能是世界陆地上个体数量最多的鸟,有30亿~50亿只,占北美鸟类个体总数的1/4。旅鸽大群迁徙时,密度之大足以遮天蔽日,长达数小时。1810年,美国自然主义者亚历山大·威尔逊观察到,迁飞的旅鸽群长144千米,宽0.6千米,估计有20亿只。旅鸽的繁殖地区在美国东北部和加拿大东南部的森林中。旅鸽冬天栖息在美国东南部具有丰盛果实的森林中,由于数量大,它们栖息的重量能够把树枝压断。由于旅鸽数量惊人,肉质味美好吃、高密度的聚群迁徙、越冬繁殖等特性,使得它们容易被大量捕杀,因此成为商业猎手的猎获对象。各种捕杀方法如敲击、射杀、网捕和烟熏麻醉等使旅鸽以难以置信的数量被杀死。

由于这种高强度捕杀以及所伴随的繁殖栖息地的破坏,两者共同夹击,导致旅鸽数量急剧下降。在1894年,观察到最后筑巢的旅鸽。1914年辛辛那提公园,最后一只旅鸽孤独地死去。就这样,在几十年的时间里,世界上数量最大的鸟种灭绝了。

我国的植物和动物的灭绝情况,按已有的资料统计,犀牛、麋鹿、高鼻羚羊、白臀叶猴以及植物崖柏、雁荡润楠、喜鱼草等已经消失几十年甚至几个世纪了。中国动物的遗传资源受威胁的状况十分严重,如中国优良的九斤黄鸡、定县猪已经灭绝。实际上,还有许多保护名录之外的生物物种很可能在未被人们认识之前就已经灭绝了。

2.对野生动植物栖息地的破坏

占地表面积5%的热带森林中生存了50%以上的陆生物种,然而人为的破坏,却导致许多物种遭到灭绝。例如,大熊猫从中更新世到晚更新世的长达70万年的时间内,曾广泛分布于我国珠江流域、华中长江流域及华北黄河流域。由于人类的农业开发、森林砍伐和狩猎等活动的规模和强度的不断加大,大熊猫的栖息地现在只局限在几个分散、孤立的区域。栖息地的碎裂化直接影响到大熊猫的生存。据中国林业部与世界野生动物基金会在1985—1988年的联合调查,大熊猫的栖息地不断缩小,与70年代相比,大熊猫分布区由45个县减少到34个县,栖息地的面积减少了1.1×10^4平方千米,且分布不连续。栖息地的分离、破碎,将大熊猫分割成24个亚群体,造成近亲繁殖,致使遗传狭窄,种群面临直接威胁。

3.捕食者、竞争者和疾病的引入所产生的效应

许多大型捕食动物,包括狼和其他犬类、棕熊,许多大型猫科动物如北美的美洲狮或亚洲虎,被看作是人类的重要竞争对手(在一些情况下,它们也捕食人类),所以它们被捕杀了不少,处于已经灭绝或濒临灭绝的境地。害虫也属于与人类竞争的类群。通常控制虫害的手段,包括使用毒饵,无目标地施用杀虫剂,能造成鸟类的大量间接性死亡。例如,导致鹰的种类和数量减少,也可能是导致灭绝的重要原因。

我们之所以关注生物多样性,是因为生物多样性对于人类具有的重要意义:首先,对人类而言,生物多样性具有实际和潜在的食用、药用价值,并且具有其他重要的经济意义。生物多样性的经济价值包括直接使用价值,如林业、农业、畜牧业、渔业、医药业和部分工业产品以及旅游观光等;间接使用价值,如生态系统的功能结构、演化、遗传资料源、生态服务功能等方面。

其次,复杂生态系统对大的环境变化有更强的适应能力。大量物种在保持食物链的完整、能量和物质的循环以及整个生态系统的平衡中扮演着重要的角色。没有人能说每一种昆虫和每一小块自然植被的保存都对地球的福利至关重要,但随着一点一点地破坏,全球生命支持系统将会面临巨大风险。物种迅速灭绝所导致生物多样性的减少意味着整个生物圈复杂性的降低,而对甚至是微小的环境变化,一个日益同质的生物圈将更加脆弱,更难适应。

再次,生物多样性意味着世界拥有大量的可以提供的基因,这是地球上最有价值的不可代替的资源之一。经过地球进化和生物遗传,生物多样性有其自身价值,并且是不可代替的。因每种经历了千万年的自然选择过程中的现存生物都包括了10亿~100亿比特的基因信息。但当生物多样性减少,自然选择至少在有意义的人类时间尺度内是不会得到恢复的。如恐龙的大规模灭绝,生物多样性恢复用了500万~1000万年。因此,每个国家都有理由像保护其民族历史、语言和文化那样保护生物多样性。

五、能源

从总体看,中国的能源问题主要表现在以下几点:①人均能源资源和人均消费量不足。虽然中国的能源资源丰富多样,但由于我国人口众多,目前人均能源资源相对不足。中国人均煤炭探明储量只相当于世界平均水平的50%,人均石油可采储量仅为世界平均值的10%。中国能源消耗总量仅低于美国位居世界第二位,但人均耗能水平很低。②能源资源分布不均匀。煤炭资源64%集中在华北地区,水电资源的70%集中在西南地区,而能源消耗集中在东部,因此,会长期存在"北煤南运""西煤东送""西电东输"的不合理格局,造成能源输送损失和过大的输送建设投资。③能源构成以煤为主。我国能源生产和消费构成中煤占有主要地位。煤炭在我国目前一次能源中占70%以上。④工业部门消耗能源占有很大的比重。与工业国家相比,我国工业部门耗能比重很高,而交通运输和商业民用的消耗较低。我国的能耗比例关系反映了我国工业生产中的工艺设备落后,能源管理水平低。⑤农村短缺,以生物质能为主。煤炭供应不足,优质油、气能源的供应严重不足。

第五节　环境污染

在上一节中我们讨论了人类生存和生态系统的维持所必需的资源问题。除了生态系统与资源问题关系到人类社会的生存与发展,环境问题亦具有同样的作用。环境问题可以说自古就有。产业革命后,社会生产力的迅速发展,机器的广泛使用,为人类创造了大量财富,而工业生产排放的废弃物却进入环境。环境本身是有一定的自净能力的,但是当废弃物产生量越来越大,超过环境的自我净化能力时,就会影响环境质量,造成环境污染。尤其是第二次世界大战以后,社会生产力突飞猛进,工作动力的使用猛增,产品种类和产品数量急剧增大,农业开垦的强度和农药使用的数量也迅速扩大,致使许多国家普遍发生了严重的环境污染与生态破坏问题。同时,随着全球人口的急剧增长和经济的快速发展,资源需求也与日俱增,人类正受到某些资源短缺和耗竭的严重挑战,资源和环境的问题威胁着人类的生存和持续发展。

环境污染的种类很多,如水污染、大气污染、土壤污染、固体废弃物污染以及噪声污染等。如果追其根源,几乎都与人类在农业、工业、城市发展以及日常生活相关。所以,在这里我们将集中阐述它们的来源,它们在不同的去路中的积累,以及人类和生态系统为此付出的代价。

一、农业中的化学污染

农业,尤其是现代农业,是污染和有毒物质的重要来源。杀虫剂和除草剂的残存,在化肥使用后残留的磷酸盐和硝酸盐,以及因灌溉在土壤中积累的盐,给农田造成了化学污染。

(一)农业中使用的除草剂、杀虫剂形成的化学污染

农田中使用的除草剂、杀虫剂,含有的剧毒物质残留于土壤和水中,正如残留在你购买的蔬菜和水果中一样。尽管某些剧毒并能长期存留的化学物质,如DDT、敌敌畏等,在一些国家禁止使用,但替代它们的是毒性同样但残留期较短的物质,更危险的是,这些被禁止使用的化学物质,常常被转移到一些发展中国家,并再以粮食出口的形式进入发达国家。

当然,一些人,特别是农药生产商会说,农用化学制品可以提高粮食产量,危险小于收益。但需要明确的是,虽然农用化学制品浓度很低,但有长期效应,往往会在接触后多年才能显示出来。有毒农用化学制品的主要健康风险是癌症,而恶性淋巴肿瘤的形成可能要20年。如果染色体的主要物质——脱氧核糖核酸受损,将会给下一代带来先天残疾。

据世界卫生组织估计,每年有50万~100万人因杀虫剂中毒,其中有

5000到2.6万人死亡①。其中至少有一半的中毒者和75%的死亡者为农民,且大都集中在发展中国家。所以,在一些发达国家,农业被认为是最危险的行业,位于建筑业、采矿业和制造业之前。农田中使用杀虫剂、除草剂又会渗透到地表和地下。如果地表水和地下水中含有杀虫剂、除草剂,其危害会更广。

糟糕的是,大量证据表明,长远来看,杀虫剂并不能有效防止谷物损失。原因是在杀虫剂的使用初期,昆虫迅速减少,但昆虫繁殖、变异极快,不久昆虫便具有抗药性,于是需要更多不同的杀虫剂,而化学药品还因杀死鸟类而增加了害虫的数量。

(二)农田使用的无机化肥的残余形成的污染

无机化肥无疑是提高了产量,但它们残留下来的高浓度硝酸盐和磷酸盐渗进了小溪、河流、湖泊和地下水。若天气温暖,水中养分的增加,使像海藻、浮萍这样的水生植物迅速生长,它们的呼吸消耗了绝大部分溶于水中的氧,最后这些植物死亡沉入水底,和大量因缺氧而死亡的鱼类及其他水生动物一起腐烂,这就是富营养化。此时水中除了造成破坏的水生植物和在缺氧环境中可以以腐尸为生的少数物种外,没有了其他生命。出现富营养化的河流往往会向其周边地区扩散,对周围的耕地及水源造成污染,其危害便会逐渐显示出来。

(三)农田因长期灌溉而形成的盐碱化

据统计,每百万单位的新鲜淡水中含有200～500单位的盐,农作物吸收了淡水却给土壤留下盐。日复一日地灌溉,每年会在土壤中沉积数以吨计的盐,最终超过农作物的抗盐极限,土壤最终会变得贫瘠而废耕。当前,许多地区为了提高粮食产量而采用灌溉技术,但盐碱化的长期后果可能导致减产。

二、工业中的化学污染

从上述可见,农业化学污染很严重,但在化学污染中,毒性最大、最危险的化学物质是由工业排放到环境中去的,其中包括在工业活动中排放出的有毒废气、废水和废渣等,排放到大气、水体和土壤中,造成大气、水体

①金艳,梁雨群,王晓平.1992年世界卫生报告[J].中国初级卫生保健,1992(11):44-46.

和土壤环境的污染源头。如在工业活动中,燃煤会使大量的SO_2排放到大气中,而SO_2在重金属(如铁、锰)氧化物的催化作用下,易发生氧化作用形成SO_3,继而与水蒸气结合,形成硫酸雾,其毒性要比SO_2大,是强氧化剂,对人的主要影响是刺激上呼吸道,有时也会影响下呼吸道。硫污染一般多发生在冬季的清晨。例如,日本四市的气喘病就与其有关。同时,SO_2与烟尘具有协同作用,当二者的浓度达到一定程度时,可使呼吸道疾病发病率增高,慢性病患者的病情迅速恶化,使危害加剧。如20世纪50年代的著名公害事件——伦敦烟雾事件。工业污染的来源不仅仅是其排放的废气,还有废水、废渣,而这些污染物的排放与堆放,将直接危害到耕地与水源。据统计,目前我国受污染的耕地约有1.5亿亩,其中污水灌溉污染的耕地为3250万亩,固体废弃物堆存占地和毁田为200万亩,污染耕地面积占总面积的10%以上;这样造成每年有1200万吨粮食因重金属污染而无法食用,直接经济损失达到200亿元;土壤的污染也给人体健康造成了很大危害。这些被污染的耕地多数集中在经济较发达的地区,工业化已成为当前环境污染源。

三、城镇和都市污染

因为工业总是位于人类定居点和城市,它们直接污染了城市周围的水和空气。但近年来,随着城市快速发展,城市中的生活污染以及汽车排放的尾气污染、噪声污染等已成为一项重要的污染源。

在一些发展中国家,人类居住处的大量污水未经卫生处理直接排放,常常带来一系列的水传播疾病,如腹泻、痢疾、肝炎、癌症等。近年来,很多人谈论到环境污染导致人类繁殖能力下降,造成孕妇自然流产或婴儿患有先天性疾病。总之,水污染的危害是毋庸置疑的。

随着城市数量的增多、规模的扩大和人口的增加,城市生活垃圾已经成为城市的一个重要环境污染源。以我国为例,近年来,城市生活垃圾的产量增长迅速。据统计,2000年,我国城市垃圾产量总量达到$(1.2 \sim 1.4) \times 10^8$吨。城市垃圾在产量迅速增加的同时,成分也发生了很大的变化,具体表现为有机物增加,可燃物增多,可利用价值增大。特别是随着生活水平的提高和观念意识的变化,以及包装工业的发展,垃圾中的金属、玻璃、纸类,特别是塑料等物质大部分是包装材料。这些城市垃圾的堆积不但造成城镇居民的空气污染,而且侵占了大量农田。同时,由于长期堆放,垃圾会产生大量的酸性和碱性有机污染物,并会将其中的重金属溶解出来,垃圾形成了有机物、重金属和病原微生物三位一体的污染源。

从生态环境角度看,垃圾似乎是一种污染源,但从资源角度来看,它是一种潜在的资源。我国每年因垃圾造成的损失约为250亿~300亿元人民币,而它本可以创造2500亿元财富。国外垃圾资源利用率已经达到60%以上,而我国不到5%。许多发达国家将垃圾焚烧厂与供热电网联网,成为城市能源的重要组成部分。

机动车尾气是造成城市光化学污染的主要污染源。近年来,机动车在带给人们方便,提高生活质量的同时,也成为城市污染源之一。机动车排放的碳氢化合物达100多种。有些有机物的致突变性较强,这些颗粒物成分复杂,有诱导细胞增殖的作用,使细胞长期处于活化状态,发生恶性转化,具有较强的潜在致癌性。机动车尾气污染的另一种形式是光化学污染,对人体、植物及材料均会产生一定的破坏作用,也不容忽视。

随着交通、工业和城市的飞速发展,噪声已经成为一种主要的环境污染。据统计,1998年,我国城市噪声诉讼案占全国环境污染事件的41%左右。近年来,随着城市机动车辆剧增,交通运输噪声已经成为城市的主要噪声源。工业生产噪声的影响面也很大,不仅危害到操作工人,还影响到其周围的居民。城市化过程中,建筑施工场地很多,噪声常常在80分贝以上,扰乱了邻近居民的正常生活。

上述这些环境污染都在不同程度上降低了人们的生活质量,甚至危及到人们的生存。为此,必须改变人类当前的生活方式、生产方式,优化社会结构与社会化过程,促进人与人、人与自然的和谐发展。

第五章 环境社会学的社会事实

第一节 环境及其功能特性

通常所说的环境是指与体系有关的周围客观事物的总和,体系是指被研究的对象,即中心事物。环境总是相对于某项中心事物的变化而变化。中心事物与环境是既相互对立,又相互依存、相互制约、相互作用和相互转化的,在它们之间存在着对立统一的相互关系。目前,人们对环境的理解有着许多不同的看法,在主体上基本都是指人类,而在客体上差异较大,有些人认为只指自然界,有些人认为只包括"三废"排放的污染活动,也有些人认为还应包括人的言行举止等。

一、环境的含义

在不同的历史时期、不同的学科中,"环境"一词的定义也不尽相同。在中国古文献中,"环境"一词最早见于《元史·余阙传》:"环境筑堡寨,选精甲外捍,而耕稼于中。"其原意为环绕所辖的区域,"环"指围绕,"境"指疆土。因此,当时"环境"是泛指某一主体周围的地域、空间、介质。今天,随着社会的发展和人类文明的进步,对"环境"一词的理解也在不断地拓宽。

1974年联合国环境规划理事会将环境的概念定义为:环境是指围绕着人群的空间及其中可以直接、间接影响人类活动和发展的各种自然因素和社会因素的总体[①]。这里自然因素的总体就是自然环境,它包括大气、水、土壤、地形、地质、生物、辐射等。社会因素的总体就是指社会环境,它主要包括各种人工构筑物和政治、经济、文化等要素。

对于环境学而言,"环境"的含义为以人类社会为主体的外部世界的总体。这里所说的外部世界主要是指:人类已经认识到的,直接或间接影响

[①]郭晓虹."生态"与"环境"的概念与性质[J].社会科学家,2019(02):107-113.

人类生存和社会发展的周围世界,即地球表面与人类发生相互作用的自然要素及其总体。它是人类进行生产和生活活动的场所,是人类生存和发展的物质基础。

对于环境法学而言,1989年12月26日公布的《中华人民共和国环境保护法》第一章总则第二条对环境的内涵有如下规定:"本法所称环境,是指影响人类生存和发展的各种天然的和经过人工改造的自然因素的总体,包括大气、水、海洋、土地、矿藏、森林、草原、野生物、自然遗迹、人文遗迹、自然保护区、风景名胜区、城市和乡村等。"这是一种把环境中应当保护的要素或对象界定为环境的一种工作定义,其目的是从实际工作的需要出发,对"环境"一词的法律适用对象或适用范围做出了规定,以保证法律的准确实施。

对于环境社会学而言,我们认为,"环境"是指由自然环境、社会环境以及人的内心环境所构成的复杂系统。

环境系统是由大气圈、水圈、岩石圈和生物圈四个子系统组成的复杂、庞大的系统,前三者为其基本组成部分,生物子系统是在这三者的基础之上形成的,是其中最为活跃的子系统。人类是生物子系统的决定性因素,由于人类主观活动的负面影响,环境系统中产生了突出的不良现象,即环境问题。环境问题不仅危及环境系统的正常运行,而且威胁到人类及其社会的生存与发展。

社会系统是在环境系统的基础上产生和发展起来的,环境系统是社会系统的自然物质基础。社会系统包括社会结构和运行、社会文化和体制、社会变迁等要素。环境社会学更为关注社会系统各要素对环境的影响,特别是影响环境的各种社会行为,如开发利用自然资源,改造自然环境、社会发展方式、社会生产和生活方式等。

环境—社会系统是由环境系统和社会系统复合而成的,是在两者的相互作用和制约过程中逐步耦合而成的一个整体。环境系统和社会系统之间存在着复杂的联系,人类行为波及的范围,不仅包括社会系统,也包括环境系统,正是基于这样的事实,才有了环境社会学研究永恒的对象,同时也是最高的宗旨,即环境与社会的关系,环境与社会的相互影响。

环境和社会之间存在着对立统一的辩证关系,具体表现在:环境是社会的基础和制约条件,环境对社会发展起着重要的作用;社会发展对环境的变化有重要影响,其中包括积极影响和消极影响。环境与社会的关系过去一直被忽视,环境也仅仅被认为是为人类社会提供资源、能源等的载体。直到环境问题的出现,人们才开始正视环境与社会的关系对自然环境及人类社会未来发展的影响。

人有三境:物境、人境和心境。物境是人的自然环境,人境是人的社会环境,心境是人的内心环境,即人的思想感情境界。人的内心环境系统,是"环境"的重要组成部分,但长期被人们所忽视。人的内心环境系统,包括人的观念、思想、感情等内在心理因素和外在行为表现。人的观念、思想、感情及行为,往往受到特定情境中他人的观念、思想、感情和行为的影响,不同的情境会对人产生不同的影响。因此,人的内心环境系统对环境—社会系统也产生着重要的影响,必然成为环境社会学的主要研究内容之一。

当然,随着人类社会的发展,环境的内涵也在延伸。如有人根据月球引力对海水潮汐有影响的事实,提出月球能否作为人类的生存环境? 我们认为,随着我国"神七问天"的成功,2011年9月29日成功发射"天宫一号"目标飞行器,在发射"天宫一号"之后的两年中,我国又相继发射了神舟八号、神舟九号、神舟十号飞船,分别与"天宫一号"实现对接。这个飞行器实际上就是空间实验站的雏形,随着空间实验站的建立和空间科学技术的发展,人类总有一天不但要在月球上建立空间实验站,还要开发月球上的自然资源,使地球上的人类频繁往来于月球和地球之间。到那时,月球当然就会成为人类生存环境的重要组成部分。特别是人们已经发现地球的演化发展规律,同宇宙天体的运行有着密切的联系,如反常气候的发生,就同太阳的周期性变化紧密相关。所以从某种程度上说,宇宙空间终归是我们所处环境的一部分。所以,我们要用发展、辩证的观点来认识环境。

二、环境的分类

根据不同原则,环境有不同的分类方法。通常的分类原则有:环境范围的大小、环境的主体、环境的要素、人类对环境的作用以及环境的功能等。比如按环境的范围由近及远、由小到大,环境可分为聚落环境、地理环境、地质环境和星际环境。

笔者根据环境的基本构成要素、人类对环境的作用及环境的功能,将人类环境分为自然环境、社会环境和人的内心环境。

第一，自然环境。自然环境是指人类生存发展所需的自然物质世界，包括天然环境和人工自然环境，它是目前人类赖以生存、生活和生产所必需的自然条件和自然资源的总称。在人类出现以前，自然环境按照自己的运动规律经历了漫长的发展过程；自人类出现之后，自然环境就成为人类生存和发展的主要条件。人类不仅有目的地利用它，还在利用过程中不断影响和改造它。自然环境不等于自然界，只是自然界的一个特殊部分，是指那些直接和间接影响人类社会的自然条件的总和。随着生产力的发展和科学技术的进步，会有越来越多的自然条件对社会发生作用，也就是说，自然环境的范围会逐渐扩大。然而，由于人类生活在一个有限的空间中，人类社会赖以存在的自然环境在相当长的时间内是不可能膨胀到整个自然界的。

自然环境按人类对其影响和改造的程度，又可分为原生自然环境和次生自然环境。

原生自然环境，指自然环境中未受人类活动干扰的地域。如人迹罕至的高山荒漠、原始森林、冻原地区及大洋中心区等。在原生自然环境中按自然界原有的过程进行物质转化、物种演化、能量和信息的传递。这些区域目前尚未受到人类影响，景观面貌基本上保持原始状态。

次生自然环境，指自然环境中受人类活动影响较多的地域。如耕地、种植园、鱼塘、人工湖、牧场、工业区、城市、集镇等，是原生自然环境演变成的一种人工生态环境，其发展和演变仍受自然规律的制约。

随着人类经济和社会发展活动的范围和规模的扩大，自然界原生自然环境越来越小。当今，严格意义上的原生自然环境几乎不复存在，像两极大陆，虽然目前人类活动的直接影响还较小，但由于人类活动造成的臭氧空洞以及农药的大量施用，已经危及那里的生物。

自然环境如果从构成要素来考虑，主要包括生态环境、生物环境和地下资源环境等。

生态环境是指直接影响人们一定社会生活的具体的地理空间、位置、地形、地貌、土地、气候等条件的总和。虽然不同地区的生态环境存在着相当大的差异，并通过这些特殊的生态环境影响着各个地区社会生产的发展方向和社会生活的特殊风貌，然而，凡是有人群存在的地方，大至国家、民族和人类,小到村庄、农场和牧场,都需要有一个适合于人们生产和生活的基本生态环境。

生物环境是指能够直接或间接影响人们生活的各种有生命物质的总和。地球大约有60亿年的历史,生物在地球上存在大约有20亿年的历史,而人类在地球上的出现只是约200万至300万年前的事。由于生物先于人类而存在,所以生物也构成了人类环境的一部分。人类本身就是从生命物质发展而来的,在长期的生物进化过程中,通过自然选择,类人猿在劳动中逐渐演化为人。在这一过程中,正在形成中的人始终与自然的各种有生命物质相互作用,即使是现代人类,也不可能与生命物质断绝关系。总之,只要是有人类的地方,就有各种有生命物质的存在,人类和各种生物处于共生共存的环境之中。

地下资源环境是指在人们生产和活动的空间范围内地下各种矿物元素的总和,如岩石、煤、石油、天然气、各种金属等。这部分自然资源对人类的社会生活产生着巨大影响。历史上往往因某种矿物的开采和利用而改变了人们的生活面貌和生活方式,从而使人类社会划分为不同的时代。如我国历史上陶土的利用、青铜和铁的冶炼等就是如此。尤其是现代社会,一个国家、一个地区的发展往往在很大程度上取决于它对地下资源开发和利用的深度和广度。在一些落后的国家和地区,因某种地下资源的发现和利用而一跃成为富裕的国家和地区的例子是屡见不鲜的。如一些阿拉伯国家就是由于丰富石油储量的发现和石油大规模地开采出口,而成为世界上少有的富裕国家。

第二,社会环境。社会环境是指构成和影响主体成长发展的一切社会因素组成的合系统,它包括由一定社会形态下的社会人群、社会生产、社会制度和体制、民主政治、社会文化等构成的内部环境和主体的外部环境两部分。社会环境是一个复杂的统一体,按照主体生存发展对社会要素的不同依赖状况,社会环境可以分为主体生存的社会环境和主体活动的社会环境。主体生存的社会环境是指作为社会存在物的人维持自身存在所需的各种社会条件及其社会关系,主要指主体的生活居住环境、精神需求环境、社会道德环境、社会法律环境等方面;主体活动的社会环境则是主体发展完善自身所需的各种社会要素,是实现人的全面发展的基本社会条件,主体活动的社会环境包括经济环境、政治环境、科学文化环境、教育环境、人才环境、交往环境等方面。

社会环境是人类活动的必然产物,它一方面可以对人类社会的进一步发展起促进作用;另一方面又可能成为束缚因素。社会环境是人类精神文明和物质文明的一种标志,并随着人类社会的发展而不断地发展和演变,社会环境的发展与变化直接影响到自然环境的发展与变化。人类的社会意识形态、社会政治制度(如对环境的认识程度、保护环境的措施等),又会对自然环境质量的变化产生重大影响,近代环境污染的加剧正是由于工业迅猛发展所造成的,因而在研究中不可能把自然环境和社会环境截然分开。

第三,人的内心环境。通俗地说,人的内心环境就是指人的心态。人类行为不仅与生理因素、心理因素、社会因素有关,还与人的成长过程有关。

三、环境的功能特性

由于人类环境存在着高速的物质、能量和信息的流动,给人类活动以干扰与压力,因此具有不容忽视的功能特性。

环境的功能特性主要表现在以下方面。

(一)整体性

人与地球是一个整体,地球的任一部分或任一系统都是环境的组成部分,各部分之间有着相互联系、相互制约的关系。局部地区环境的污染和破坏,会对其他地区造成影响;某一环境要素恶化,也会通过物质循环影响其他环境要素。因此,生态危机和环境灾难是没有地域边界的;在环境问题上,全球是一个整体,一旦全球性的生态遭到破坏,任何地区和国家都将蒙受其害。例如,人类在农业生产中使用的DDT农药,能从生活在南极大陆上的企鹅体内检出;热带雨林的破坏使全球气候都受影响,不少自然物种灭绝;气温升高会导致干旱、沙漠化加剧;1986年苏联切尔诺贝利核电站核泄漏事故,不仅造成本地区及附近人员的极大伤亡,而且其核泄漏产生的放射性尘埃还远飘至北欧,甚至扩散到整个东欧和西欧地区;1991年海湾战争中,伊拉克焚毁科威特油田造成的全球性影响会延续数十年;2002年冬至2003年春,SARS仅数月就波及全世界31个国家和地区,累计发生病例8437例,死亡872例,病死率10.34%,显示出SARS具有极强的传染性、聚集性、致死性,以及广泛的地域性等。所以,人类的生存环境及其保护从整体上看是没有地区界限和国界的。

(二)有限性

在宇宙间人们所能认识到的天体中,目前认为只有地球适合人类生存。虽然宇宙的空间无限,但人类生存的空间却是有限的。如中国虽然有960多万平方公里的陆上疆土,但适合人们居住的地方只约占三分之一;虽然地球提供了丰富的自然资源、矿产资源和能源,但由于人们的过度开发与利用,不可再生的资源和能源已面临枯竭的危险;虽然环境具有自净能力,但环境容量是有限的,人类开发活动所产生的污染物或污染因素,当进入环境的量超过环境容量或环境自净能力时,就会导致环境质量恶化,出现环境问题。所以,人类的生存环境是脆弱的、有限的,很容易遭到破坏。

(三)不可逆性

环境在运动过程中存在着能量流动和物质循环两个过程。前一过程是不可逆的,所以环境一旦遭到破坏,根据物质循环规律,虽然可以实现局部的恢复,但不可能完全恢复到它原来的状态。因此,要消除环境破坏的不良后果,需要很长的时间。例如,我国黄河在远古时代是富饶的地方,但由于不合理的开垦利用,使自然环境遭到了破坏,至今仍然无法恢复到良性状态。又如英国的泰晤士河,由于工业废水污染,1850年后河水中的生物基本绝迹,经过了一百多年的治理后,耗费了大量资金才使河水水质有所改善。

(四)滞后性

除了事故性的污染与破坏(如森林火灾、化学品泄漏事故等)可以很快观察到后果外,有的环境破坏对人类产生的影响需要较长时间才能显现出来。如日本九州熊本县南部的水俣镇,在20世纪40年代生产氯乙烯和醋酸乙烯时采用汞盐催化剂,含汞废水排入海湾,对鱼类、贝类造成了污染,人们食用了这些鱼、贝引起的水俣病,经过一二十年后,于1953年才开始显露,直到现在还有病患者。又如,我们现在丢弃的泡沫塑料制品形成的"白色污染",降解需要300多年,它们在粉化后进入土壤,会破坏土壤结构,使农业减产。事实告诉人们,环境污染不但影响当代人的健康,还会通过遗传贻害后世。目前,中国每年有数百万有生理缺陷的婴儿出生,这不可能与环境污染无关。

(五)环境自净

环境受到污染后,在物理、化学和生物的作用下,会逐步消除污染物达到自然净化。环境自净按发生机理可分为物理净化、化学净化和生物净化三类。

第一,物理净化。物理净化是指污染物经稀释、扩散、淋洗、挥发、沉降等物理作用使其浓度和毒性降低或消除的过程。如含有烟尘的大气,通过气流的扩散、降水的淋洗、重力的沉降等作用而得到净化。混浊的污水流入江河湖海后,通过物理的吸附、沉降和水流的稀释、扩散等作用,水体恢复到清洁的状态。土壤中的挥发性污染物如酚、氰、汞等,因为挥发作用,其含量逐渐降低。物理净化能力的强弱取决于环境的物理条件和污染物本身的物理性质。环境的物理条件包括温度、风速、流量等。污染物本身的物理性质包括比重、形态、粒度等。比如,温度的升高利于污染物的挥发,风速增大利于大气污染物的扩散,水体中所含的黏土矿物多利于吸附和沉淀。通过自然界的物理作用而使污染物净化的过程,称为物理自净。

第二,化学净化。化学净化是指通过化学作用使环境中的污染物转化使其浓度降低或消除的过程。化学净化的化学反应有氧化和还原、化合和分解、吸附、凝聚、交换、络合等。如某些有机污染物经氧化还原作用最终生成水和CO_2等;水中铜、铅、锌、镉、汞等重金属离子与硫离子化合,生成难溶的硫化物沉淀;铁、锰、铝的水合物、黏土矿物、腐殖酸等对重金属离子有化学吸附和凝聚作用;土壤和沉积物中的代换作用等均属环境的化学净化。影响化学净化的环境因素有酸碱度、氧化还原电势、温度和化学组合等,污染物本身的形态和化学性质对化学净化也有重大的影响。如温度的升高可加速化学反应。有害的金属离子在酸性环境中有较强的活性而利于迁移,在碱性环境中易形成氢氧化物沉淀而利于净化。氧化还原电势值对变价元素的净化有重要的影响。价态的变化直接影响这些元素的化学性质和迁移及净化能力,如三价铬(Cr^{3+})的迁移能力很弱,而六价铬(Cr^{6+})的活性较强,净化速率低。环境中的化学反应如生成沉淀物、水和气体则利于净化,如生成可溶盐则利于迁移。因自然界存在的化学作用而使污染物降解或消除的过程,称为化学自净。

第三,生物净化。生物净化是指生物通过代谢作用,使环境中的污染物数量减少,浓度和毒性减低或消失的过程。陆地生态系统的生物净化,主要是由植物吸收、转化、降解各种污染物,如植物能吸收土壤中的酚、氰,并在体内转化为酚糖甙和氰甙,球衣菌可以把酚、氰分解为 CO_2 和水,绿色植物可以吸收 CO_2 放出 O_2,对净化空气有明显的作用。淡水生态系统的生物净化,起主导作用的是细菌,但许多水生植物和沼生植物也有较强的净化作用,如在硫磺细菌的作用下,H_2S 可能转化为硫酸盐;氨在亚硝酸菌和硝酸菌的作用下被氧化为亚硝酸盐和硝酸盐。海洋生态系统的生物净化,也是细菌起主要作用,如厌氧微生物在缺氧条件下,能把各种有机污染物分解成甲烷、CO_2 和 H_2S 等;温度为 $20℃ \sim 40℃$、pH 值为 $6 \sim 9$,在养料充分、空气充足的条件下,需氧微生物大量繁殖,能将水中的各种有机物迅速分解、氧化,转变成为 CO_2、水、氨和硫酸盐、硝酸盐等。

正是由于环境具有上述功能特性,才使人类得以生存和发展。历史经验证明,如果不违背环境的功能和特性,那么人类就将受益于自然界;反之,必然会受到自然界的惩罚。

第二节 环境问题的基本构成要素

尽管环境问题是一个近年来使用频率较高的词语,但是很少有人对其进行完整、准确的界定,一般只是把它当成一个约定俗成的词语。环境问题是不断运动、不断变化的,旧的环境问题可能解决了,但又会出现新的环境问题,因此了解环境问题的基本构成及其本质十分必要。

一、环境问题的内涵

有人认为,所谓环境问题是指作为中心事物的人类与作为周围事物的环境之间的矛盾。人类生活在环境之中,其生产和生活不可避免地会对环境产生影响。这些影响有些是积极的,对环境起着改善和美化的作用;有些是消极的,对环境起着退化和破坏的作用。另外,自然环境也从某些方面(如严重的自然灾害)限制和破坏人类的生产和生活。人类与环境之间的相互影响就构成了环境问题。

有人认为,环境问题是由各种原因引起的环境污染和破坏,从而对人类或生物圈造成负面影响,需要防止、改善以适合生物与人类生存的那部分环境现象的总和。环境问题是个集合概念,是各种具体环境事件及其相互作用的集成;也是一个相对概念,是相对于人类乃至生物圈而言的,如果超过这个基点,环境问题也就不成为问题了。之所以成为问题,是因为对人类或生物圈产生了负面影响,危及其和谐与稳定,危及其生存和发展。

还有人认为,环境问题是人们对自然状况关注的总称,具体到各个地区,环境危机的表现形式、严重程度有很大的不同。比如,我国北方地区的沙尘暴以及缺水问题,可以说是一个引人关注的环境问题;但在我国其他的一些地区,环境危机可能表现为工业城市里的大气和水资源污染;而对于农村,土壤退化和燃料的缺乏、农药以及化肥的大量施用可能成为当地严重的环境问题;全球气候变暖、臭氧层破坏、酸雨,则成为全世界普遍关注的环境问题。

环境问题,就其范围大小而论,有广义和狭义两个方面的理解。从广义上理解,是由自然力或人力引起的生态平衡破坏,最后直接或间接影响人类生存和发展的、一切客观存在的问题。从狭义上理解,仅是由于人类的生产和生活活动,自然生态系统失去平衡,反过来影响人类生存和发展的一切问题。这里所说的环境问题主要是指生态环境问题。关于环境问题的本质,存在诸多观点。例如:

秦益成在《该怎样谈论"环境问题"》一文中认为,资本主义的繁荣和自由造成全球范围内的生态恶化,这是"环境问题本质的现实表现",故只有消灭资本主义,才是"真正彻底解决环境问题的唯一出路"[①]。

方世南在《环境问题:全球共同面对的问题》一文中对此质疑,并认为今天所讲的环境问题主要是指因人类不适当地干扰自然而引起的环境问题,主要有两大类型:一是指不合理地开发、利用自然资源所造成的环境破坏,即由于盲目开垦荒地、滥伐森林、掠夺性捕捞、不适当兴修水利工程或不合理灌溉等,引起水土流失,草场退化,土壤沙漠化、盐碱化、沼泽化,森林面积急剧减少,矿藏资源遭到破坏,野生动植物资源日益枯竭,旱涝灾害频发,流行性疾病蔓延等等;另一类环境问题是工业化和城市化以及

---

①秦益成. 该怎样谈论"环境问题"[J]. 哲学研究,2001(06):26-30+80.

农业高速发展而引起的"三废"(废水、废气、废渣)污染、噪声污染、农药污染等环境污染问题。①

第一类环境问题主要是由人对自然的干涉和改造引起的,是自然力量对人们滥用自然的报复,它并不是由社会制度直接决定的,即当任何一种社会制度不能正确处理人与自然的关系,过分占有自然和征服自然而又不能充分估计自己对待自然界的行为将带来的长远后果时,都会产生的环境问题。因此,环境问题与人们对自然的认识水平、对自然采取什么样的态度以及选择什么样的实践方式与生存方式有关。

第二类环境问题虽然与社会制度有关,但并不是由社会制度这个单一因素决定的,而是与所有的社会问题都密切相关,如与人口增长方式和消费方式、生产方式和生活方式、资源和能源的利用形式、科学技术和生产力发展方向、生产技术形式、资源和其他财富的分配等都有关。

总之,环境问题处在复杂的关系网络中,决定环境问题的是多种复杂因素和多种变量,其中最主要的是两个因素:自然因素和社会因素。环境问题突出地反映了自然因素和社会因素的统一。自然因素是人类赖以生存的自然条件,不管什么样的阶段、民族、国家和社会制度的人们都必须依赖的客观条件;社会因素则是人类在与自然界进行物质交换过程中亦即劳动中所形成的生产力和生产关系。环境问题就是在自然因素和社会因素相互作用的过程中产生和发展的。由于社会和自然构成了一个相互关联的有机系统,因此,自然因素成了社会因素存在和发展所不可缺少的物质条件。在属于人的世界里,自然因素又受到社会因素的制约和影响。因此,环境问题并不是资本主义的特有产物,环境问题说到底是人的问题,是人对环境的认识问题和实践问题,环境问题的实质是自然因素和社会因素的辩证统一;环境问题不仅在当代资本主义国家而且在社会主义国家,不仅在当代而且在农业时代都存在;环境问题不仅超越社会制度、超越时间,而且超越地域限制,是全球共同的问题。

在一些环境经济学家看来,环境问题的本质是一个外部性问题,即个体行为所产生的外部效果,主要是负面的效果。基于这种认识,一部分经济学家认为,自由市场无法克服这种外部性,无法有效地提供公共物品,

---

①方世南.环境问题:全球共同面对的问题——兼与《该怎样谈论"环境问题"》一文商榷[J].学术月刊,2002(02):24-29.

只有强化政府的作用，才能解决这一问题。另一部分经济学家则认为，通过制度创新，包括产权制度的变革，可以促进外部成本内部化，解决外部性问题，做到环境保护与经济发展两不误。

环境问题的本质究竟是自然问题，还是社会问题？这是社会学有关环境问题的理论探索中争论的一个焦点。在环境问题出现的最初时期，社会学界普遍认为环境问题是自然界发生了问题。那么，环境问题是不是一个社会问题？我们认为有必要对此进一步澄清，因为它是关系到此问题被纳入社会学研究视野的必要性问题。

传统上关于社会问题的种种观点，基本上注意到了构成社会问题的若干要素：第一，客观存在某种社会现象；第二，这种现象妨碍社会的正常运行；第三，这种现象损害多数人的利益；第四，这种现象引起多数社会成员的注意；第五，这种现象必须依靠社会力量加以解决。

根据环境问题的一些社会事实和社会影响，以及社会各界对环境问题的关注，加之环境问题普遍存在且持续已久，它已经对个人健康和社会良性运行带来了威胁。因此，政府及学者等权力阶层已经开始密切关注它，并对此采取了应对措施，提出了相应的解决方案。所以说环境问题是一个社会问题。

我们认为，所谓的环境问题，是一个多变量的函数，其中最主要的变量是自然因素、社会因素、人自身因素；是人所创造的社会自然破坏了我们对天然自然的依赖。人对天然自然的依赖主要表现在两个方面：其一是天然自然为人创造社会自然提供必要的资源，如果这种供给关系遭到破坏，便出现了资源危机；其二是人的生存与发展需要自然因素一定的结构，如果这种有利于人的"结构"遭到破坏，就出现了生态危机。没有社会自然，就没有环境的危机；而没有人的创造，也就没有社会自然。所以，从这个意义上说，环境危机并不是自然的危机，而是人的危机。

人类之所以如此关注环境问题，说到底还是为了人类的生存问题。只有妥善处理好自然因素、社会因素、人自身因素之间的关系，牢固树立科学发展观，不断地探索有利于经济、社会、环境相协调的绿色发展模式，积极推行绿色生产，大力倡导绿色消费，发展绿色经济，构建绿色文化，通过绿色观念引导人们的绿色行为，才能促进环境问题的有效解决。

二、环境问题的分类及成立前提

环境问题的分类方法有很多,一般而言,环境问题包括生态环境问题和社会环境问题两大类。

生态环境问题始于生态平衡的破坏,而社会环境问题则与社会、文化的失调有着直接关系。一个社会问题定会影响到社会中的每一个人,但是什么样的问题才算作是社会问题,离不开当时的社会环境,即离不开一个国家和地区的社会发展、文化背景、社会制度、价值观念、规范体系和社会习俗等等。不同的社会对具体的社会问题看法有所不同,一个问题在一些国家是正常现象,但是在另一些国家或许就是一个社会问题。所以,随着社会不断的发展和人们价值观念的转变,评价社会问题的标准也是不断变化的。

生态环境问题一般又分为两种。一种主要是由环境自身变化引起的问题,又称原生环境问题或第一类环境问题,如火山爆发、地震、台风、海啸、洪水、旱灾等导致的环境破坏。另一种主要是由人类活动引起的问题,也叫次生环境问题或第二类环境问题。后者又可分为两类:一类是不合理开发利用自然资源,使自然环境遭受破坏,也就是通常所说的生态破坏问题;另一类是城市化和工农业高速发展而引起的环境污染问题。原生和次生两种环境问题,实际上很难截然分开,常常是相互影响和相互作用的,彼此重叠发生,形成所谓的"复合效应",这就使得环境问题变得更加复杂,其危害更加严重。例如,过量开采地下水有可能诱发地震;大面积毁坏森林可导致降雨量减少;大量排放 CO_2 可增强"温室效应",使地球气温升高、干旱加剧等。

目前,人类对第一类环境问题尚不能有效防治,只能侧重于监测和预报。

我们在提出并探讨环境问题时,实际上暗含着承认以下四个前提。

第一,环境承载力是有限的。所谓环境承载力,是指在某一时期、某种环境状态下,某一区域环境对人类社会、经济活动的支持能力的限度。对于人类活动来说,环境系统的价值体现在它能对人类社会生存发展活动的需要提供支持。由于环境系统的组成物质在数量上有一定的比例关系,在空间上具有一定的分布规律,所以它对人类活动的支持能力有一定的限度。当今存在的种种环境问题,大多是人类活动与环境承载力之间出现冲突的表现。当人类社会经济活动对环境的影响超过了环境所能支持的极限,即外界的刺激超过了环境系统维护其动态平衡与抗干扰的能力,也就是人类社会行为对环境的作用力超过了环境承载力。

第二,技术的有限性。这里既指技术种类的有限性,又指技术功能的有限性,更指技术开发的有限性。

第三,尊重人类的价值,特别是生命的价值。尊重人类及其后代的生命价值,同时尊重环境的价值,是关注环境问题的出发点。

第四,通过人类行动有改善环境的可能。科学研究表明,环境问题在很大程度上是人类活动不当的结果;同时,现实的经验也表明,只要切实地付出努力,环境状况确实可以得到改善。如倡导节能减排,环境质量就会明显好转。

因而,当我们谈环境问题时,实际上意味着我们承认并看到了希望。环境问题与一般社会问题有着明显的区别,对于理解环境问题而言,原有关于社会问题的定义必须扩展。首先,对于特定区域和特定人群而言,不一定有环境破坏的客观事实,即便有所谓客观的事实,也不一定会引起人们的注意。因此,对于环境问题的理解应当包含对于其主观建构过程的理解。其次,环境问题之所以如此紧迫,一个重要原因是多数社会成员并未注意到这个问题,而只有少数人觉醒了。

三、环境问题的特点及理论阐释

环境问题有其特定的内在规定性。具体地说,表现在以下几个方面。

第一,从环境问题的存在状况看,环境问题具有历史性与现实统一性的特征。一方面,环境问题的存在具有历史普遍性;另一方面,环境问题又在人类社会发展的不同阶段表现出不同的特点。换句话说,环境问题总是与特定的历史条件和社会经济背景相联系。如早期环境问题主要表现为大量砍伐森林从而引起地力下降、水土流失,兴修水利往往又引起土壤盐渍化和沼泽化等;近代城市环境问题突出表现为公害引起的环境污染;现代环境问题的核心是全球性大气环境问题,发达国家和发展中国家面临着不同层次的环境问题。

第二,从环境问题产生的社会原因上看,这种原因具有局部性与整体性相统一的特征。一方面,环境问题,特别是一些小规模的区域性问题,可能只是由于社会的局部失调所引起,不同的国家面临着不同的环境问题;另一方面,当代全球性环境问题的存在,已经不再只是由社会局部失调所引起,而是由于现代社会的整体性危机所导致,因而环境问题不只是具有自然面的环境问题,它同时也是社会问题,是发展问题。不同国家的发展速度是不一样的,因此,应对环境问题必然涉及整个社会发展战略的调整。

第三,从环境问题的产生过程看,它又是事实性与建构性的统一。一方面,环境问题的出现的确是由于生态平衡遭到破坏,环境污染影响了人们的生产和生活。在这里,环境问题是作为一种客观事实出现的。另一方面,环境问题之所以成为问题,也是社会对之定义、进行建构的结果,是公众广泛关注的结果。这当中,科技工作者、大众传播媒介发挥着重要作用。

第四,从环境问题所带来的影响看,它又具有地区性与全球性相统一的特征。一方面,特定的环境问题总是源于特定地区,带有某种区域性特征,并对某一地区首先产生影响;另一方面,由于生态系统的复杂性和传导性,这种影响又具有全球性,特别是在环境问题规模日益扩大、全球化进程日益加快的当今社会,任何一个区域性的问题,同时也是一个全球性问题。反之,任何全球性问题也都在某种程度上对各区域造成影响,如食品安全问题、传染病蔓延问题等。

环境问题除了具有上述基本特征外,还具有以下一些重要特点。

第一,环境问题具有系统关联性。人类与环境是一个整体,人类与环境又是一对矛盾。人类与环境问题各要素之间相互联系,相互影响。环境压力引起环境破坏和环境污染,环境破坏和环境污染又加剧环境压力;环境污染会在一定范围、某种程度上造成环境破坏,环境破坏又加速环境污染;而且,各种单一要素之间存在紧密的连锁关系,会引发一系列的连串反应。例如,化石燃料燃烧所造成的污染会出现酸雨,而酸雨可以毁掉林木,树木死亡之后,贮存在林木之中的二氧化碳又会释放出来,重新进入环境中,增加了大气中二氧化碳的含量,加剧了现有的污染并引起气候变化,而气候变化又导致森林枯萎,由此形成一种恶性循环。

第二,环境问题具有动态性。环境问题的形成是长期动态的过程。环境问题是不断变化的,它随时间、条件的变化而变化,在不同的历史时期,环境问题是不相同的。环境问题的涨落参数是很难控制在某一固定阈值的,当它超过一定阈值时,会形成涨落,产生一定质量上的变化,而引发一系列的连锁反应,进一步引起环境问题系统结构与功能的变化,从而呈现出显著的动态性。当试图控制或解决一个或多个环境问题时,可能会引起其他环境问题的形成。例如,人们为了保证空气质量,对一种主要的污染源——汽车尾气进行控制,而对引擎进行了改造,以减少碳氢化合物的排放量。但在有效减少碳氢化合物排放量的同时,氧化氮的排放量却增加了,而引起光化学烟雾事件的加剧,用一种污染和另一种污染做了交换。环境事件的这种转化明显地体现了环境问题的动态性,而且,同一环境问题也会在不同的时期、不同的条件下发生变化,形成不同的特点,也表现出明显的动态性。

第三,环境问题具有不确定性。环境问题的不确定性,实质上是指环境问题后果的难以预测性。在人类的能动性得到高度发挥的当代世界,每个自然现象,都已不再是纯粹自然力作用的结果,无不打上了人类行为的印记。随着自然不确定因素的增加,人们已难以从过去确定无疑的事件中预测未来的自然事件。比如,地震是自然灾害,地震的频发,现在很难说与人类对生态环境的破坏无关,尤其是环境问题的后果,不仅难以预测,甚至难以想象。飓风会变得多坏?温室效应会给人类带来多大的灾难?全球金融危机究竟会造成多严重的影响?对未来的预知也只能是一些可能性的集合。

第四,环境问题具有长期实践性。环境问题是在人类长期实践活动中产生的,环境问题的治理也必须依靠人类的实践活动来进行。环境问题的形成,不是一朝一夕造成的,而是有着一个长期的实践过程。尤其是工业革命以来,人类在生产生活过程中的创造力得到充分发挥,利用自然的能力越来越强,对自然的排泄也越来越激增,长期积累,最终导致环境问题越来越严峻。环境问题的显现,也有着一个过程,如有机杀虫剂的使用,在一般情况下,对于人类是没有直接的、立刻的、明显危害的,只有经过长期使用,在食物链中积累之后,才会逐渐地对自然生态系统造成破坏,对人类产生毒性。此外,环境问题的影响还具有滞后性和持久性等特点,其预防和治理,更需要一个长期的实践过程。环境问题的理论阐释有三种模式。

正统社会学在观察和分析社会现象时有两种主要的理论视角,即结构功能主义视角和社会冲突论视角。进一步说,这两者无疑都属于结构主义视角。随着社会学的发展,一些当代社会学家开始采用一种与结构主义相对的视角——建构主义视角来观察和分析社会现象。这些不同的理论视角应用于阐释环境问题,就形成了三种互有区别的理论模式:结构功能主义模式、社会冲突论模式和建构主义模式。

结构功能主义强调社会均衡,它认为社会是具有一定结构的系统,社会的各组成部分以有序的方式相互关联,并对社会整体发挥着必要的功能。在社会系统中,行动者之间的关系结构形成了社会系统的基本结构。社会角色,作为角色系统的集体,以及由价值观和规范构成的社会制度,是社会的结构单位。结构功能主义非常强调共同价值观与信仰对于社会运行与社会秩序的重要性。从结构功能主义的角度阐释环境问题,大致包括以下几个要点:第一,环境问题的产生在很大程度上是由于人们价值观的扭曲;第二,西方文化具有物质主义和贪婪的本质,过于强调物质消费以及人与自然的二元对立,把物质占有看成是舒适与快乐的源泉,因而西方文化的人本位思想导致了环境问题的恶化;第三,环境问题是某种社会过程的自然结果,关于环境状况的研究需要广泛探讨人们的社会生活方式;第四,在结构功能主义看来,社会系统是在对于环境的不断适应中进化的;第五,加强环境教育、转变社会成员的价值观对于促进环境保护和维护社会安全有着重要意义。

结构功能主义在一定程度上揭示了社会运行与环境问题之间的关联,但是,它的局限在于只强调社会整合,忽视了社会系统内部紧张与冲突的一面,忽视了环境公平和权利分配等问题,不能合理地解释社会变迁。

社会冲突论模式。社会冲突论强调社会系统内部的紧张与对立,它认为社会秩序是建立在强制基础上的,社会系统内部始终存在着不平等,特别是权力分配的不平等。掌握权力的人总是压制没有权力的人,并规定着社会上"适当"的价值观和行为方式,控制着整个社会的进程。

社会冲突论阐释环境问题的主要观点是:第一,社会中的权力分配是不平等的,掌握权力的精英们通过控制政治、经济、文化、法律以及环境政策的制定,影响着人们的社会生活。有学者认为,弹性比较大、比较灵活的社会结构容易出现冲突,但对社会没有根本性的破坏作用,因为这种冲突可以导致群体与群体间接触面的扩大,也可以导致决策过程中集中与民主的结合及社会控制的增强,它对社会的整合和稳定起着积极的作用。相反,僵硬的社会结构采取压制手段,不允许或压抑冲突,冲突一旦积累、爆发,其程度势必会更加严重,将对社会结构产生破坏作用。第二,环境问题是不可避免的,因为环境问题的产生源于有利于精英利益的社会安排。为此,要建立完善的社会安全阀制度,这种制度一方面可以发泄积累的敌对情绪;另一方面,可以使统治者得到社会信息,体察民情,避免因灾难性冲突的爆发而破坏社会整个结构。第三,资本主义制度本身必然制造环境威胁。资本主义的本质是追逐利润,而对利润的追逐则需要不断的经济增长。第四,全球环境危机正是全球财富与权力分化的直接后果。发达国家的少数人口消费着绝大部分的能源和资源,他们的富裕和舒适建立在对地球和穷国的剥削基础之上。人口仅占世界1/5的富裕国家,其消费量占到世界的4/5,是发展中国家人均水平的16倍。第五,解决环境问题的关键是促进资源在全世界的公平分配,这既是对社会正义的追求,也是保护自然环境的一种策略。

可以说,社会冲突论所强调的正是结构功能主义所忽视的问题。对于社会冲突论视角的质疑主要集中在以下几点:一是尽管精英总是主宰着一个社会,但是,当今的世界环保浪潮表明,他们似乎并不能阻止合法保护环境的运动趋势,而各种保护环境举措的实施,证明部分地区空气和水质已经显著改善。二是尽管资本主义经济增长方式加剧了环境压力,但是事实表明,社会主义国家的环境状况同样令人震惊,与此同时,西欧和北美的一些资本主义国家已经做出了重要的、有效的环保努力,环境状况不断改善。三是尽管富裕社会确实制造了对于自然环境的巨大需求,但是,随着不富裕国家人口的迅速增长,这种格局正在发生变化。而且,在不富裕国家片面追求经济增长、使用更多资源并排放更多废弃物的过程中,全球环境问题有可能变得更加严重。四是从长远的观点看,所有社会成员、所有国家在保护自然环境方面实际上有着重要的共同利益,环境问题必须实行全球治理。

无论是结构功能主义,还是社会冲突论,实际上都属于结构主义的视角,这种视角关注的是宏观层次的社会过程以及主要社会结构要素之间的联系。此外,两种理论模式在阐释环境问题时,都预设了环境问题的客观存在。换句话说,环境问题自身的客观性问题并不在两种理论模式的视野之内。有鉴于此,一些学者提出了阐释环境问题的建构主义模式。

建构主义的一个重要特点是从过程的、动态的角度看待社会现象。在建构主义者眼里没有一成不变的"社会事实"。所谓社会事实,基本上是人们经由特定过程建构出来的,并且总是处于不断的变化之中。

洪大用将建构主义阐释环境问题的要点概括如下:对于人类社会与自然环境之间关系的理解是一种文化现象,这种文化现象总是通过特定的、具体的社会过程,经由社会不同群体的认知与协商而形成的;由于具有不同文化与社会背景的人对于环境状况的认知是不一样的,所以"环境问题"一词本身基本上是一个符号,是不同群体表达自身意见的一个共同符号;特定的环境状况最终被确认为环境问题,实际上反映的是不同群体之间意见竞争的暂时结果,这种结果的出现源于一系列互动工具与方法的使用,并且涉及权力的运用;我们与其关注目前环境究竟出了什么问题,还不如分析是谁在强调环境问题,对环境问题进行建构很有必要;解决特定环境问题的关键是利用科学知识、大众传媒、组织工具以及公众行动成功地建构环境问题,并使之为其他人群所接受,进入决策议程,最终转变为政策实践。[①]

与结构主义观点相比,建构主义对于社会过程的分析似乎更为细致、深入。就当代世界关于环境问题的论争以及蓬勃兴起的环保运动而言,建构主义模式想要揭示的正是其复杂的阶级的、意识形态的、制度的以及组织的背景,并希望由此探讨正在变化中的权力特性。

建构主义模式的优势也就是它的劣势,一些人批评这种视角实际上是回避了环境问题的客观性,转移了公众的视线,降低了公众对于环境问题本身的关注度。

总之,以上各种理论模式在阐释环境问题和提供环保对策方面,都各有其见地,但也不可避免地存在着各自的缺陷。实际上,目前几乎不可能建立具有普遍解释力的主流理论。

在我们深入研究中国环境问题时,以上各种理论解释模式均有可借鉴之处。但是,由于环境问题总是与特定的历史条件和社会经济文化背景相

---

①洪大用. 试论环境问题及其社会学的阐释模式[J]. 中国人民大学学报,2002(05):58-62.

联系,因此我们不可能照搬这些理论模式。实际上,当代中国的社会转型构成了当代中国环境问题的特殊背景,并给当代中国环境问题打上了特殊的转型期的烙印,分析环境问题的形成和探讨缓解环境问题的对策,都离不开对社会转型与环境问题之间错综复杂的关系的分析,这是环境社会学理论创新的一个方向,需要学界共同努力。

第三节 当代环境问题产生的社会根源

当今时代,几乎每一个人都知道生态危机的存在及其严峻性,但是,人们却并没有去改变它,破坏和污染生态环境的活动仍普遍存在。这表明,生态环境问题不仅仅是认识问题,而且是社会问题。从本质上讲,人类未能正确处理好人与人之间的关系,特别是资本主义制度的长期存在和发展是导致生态环境问题的深刻的社会根源。

生态环境问题的凸显直接反映的是人与自然之间关系的恶化与对立,在这个对立的背后,其实深藏着人与人之间关系的恶化与对立。人与人之间关系的对立,既包括同代之间的对立,如国家与国家之间、地区与地区之间、公民与公民之间的对立,也包括当代与后代之间的对立。我们知道,人类虽然是一个整体,但是长期以来却一直分裂为不同的群体或集团,表现为彼此不同甚至根本对立的民族、国家、地区、阶级、组织等群体,彼此都从自己的利益和需要出发进而开发自然、占有资源,更一般的情况是往往为了眼前利益而损害长远利益,为了局部利益而损害全局利益,为了自己的利益而损害他人的利益,为了当代人的利益而牺牲和损害子孙后代的利益。这种情况长期以来普遍地存在着,而且还会继续存在下去。

从国家层面上来说,长期以来,每一个国家几乎都是一个独立王国,每一个国家都有自己的政治体制、经济体系和文化传统,都是一个紧密团结的利益共同体。这就决定了每个国家在世界范围内寻求发展和对外交往上首先要维护和保障自身的利益。发达国家为了发展,准确地说,是为了追求物质享受,过富裕奢侈的高消费生活,往往不计后果地以各种方式吸纳不富裕国家和发展中国家的资源;而发展中国家为了求得生存、偿还债务、改变贫穷面貌,又不得不以破坏环境、牺牲自然资源为代价,往往是被迫把自己的自然资源廉价出售给发达国家。世界范围内的矿产资源锐减、大面积森林破坏、物种灭绝、环境污染等诸多全球性问题都是在这样一种世界大格局和发展总模式下形成的。

以美国为例,美国人口仅占全球人口的5%,但却消耗了世界30%的资源,排放了世界25%的二氧化碳,是全球资源消耗量最大、全球污染气体排放量也最大的国家。美国曾于1998年正式签署了《京都议定书》,但是到了2001年3月,布什政府却以"减少温室气体排放将会影响美国经济发展"为借口,宣布拒绝批准《京都议定书》①。美国这种出尔反尔、毫无诚信、不讲道义的卑劣行径是对整个人类和自然的挑战,是对世界资源的无偿占有、无端消耗和超前透支,不仅严重剥夺和侵害了全世界所有国家的利益,而且剥夺和占有了包括美国在内的子孙后代的财富和权力。这种情况如果再继续下去,那么不仅"第三世界根本过不上稍微像样的生活",而且生态环境问题的解决根本就不可能。可以看出,国家与国家之间根本利益的分歧与对立,是全球性生态环境问题的深层的本质所在。由此可见,全球问题的形成与解决最终还取决于世界各国能否在利益一致的前提下通力合作。

更进一步说,资本主义制度的长期存在和发展是造成全球性问题的主要社会根源。资本主义社会制度的建立,确立了以个人利益为最高追求的核心价值观和以资本增值、利益最大化为根本目标的社会价值体系;创造了高度社会化、专业化、标准化、规模化的社会生产力;建立了超越国界、普遍联系的世界市场;创造了无与伦比的物质财富和资本主义特有的超前消费、奢侈消费、游戏消费的生活方式。资本主义制度的这些特点,尽管在人类历史上曾经有过进步作用,但同时也不可避免地导致了生态环境问题的出现。正是在资本主义的推动下,伴随着封建社会向资本主义社会的全面转变,人类开始了对大自然的掠夺性开发,开始了大规模的"十字军东征",开始了资本主义的原始积累,开辟出了资本主义的世界市场,培育出了直到今天仍然在全球扩张、继续侵略的资本输出、技术输出、污染转移、资源占有。完全可以说,资本主义制度的长期存在和发展,资本的原

---

① 周琪. 人类命运共同体观念在全球化时代的意义[J]. 太平洋学报,2020,28(01):1-17.

始积累和现代扩张,是造成今天全球性问题的主要原因。从纵向上看,当代生态环境问题的出现,从根本上说是资本主义国家工业化过程长期发展和持续积累的必然结果;从横向上看,当今世界生态环境问题的持续扩大和不断恶化,是以美国为首的资本主义发达国家持续扩张、资源掠夺的现实恶果。

第四节 当代中国环境问题的社会特征

社会科学,特别是社会学,其根基必须是本土社会,关注本土问题。同时,所谓环境问题,并不仅仅是表现在物理层面,更重要的是,由于环境问题与人类的社会活动密切相关,它们同时又具有重要的社会特征。因而,我们在前面知识的基础上,探讨当代中国环境问题的社会特征,这也是环境社会学的研究视角。

当代中国环境问题的社会特征主要体现在以下八个方面。

一、随着社会转型的加速进行,环境问题日趋严重

首先我们从定性的角度进行分析:先看一看历年来我国环境保护总体目标之提法不断发生变化。

1974年,我国政府提出了一个"五年控制,十年基本解决"环境问题的目标,但是并没有实现。

1983年12月31号到1984年1月7日召开的第二次全国环境保护会议上所确定的环境保护目标是:到2000年,全国的环境污染和生态破坏问题基本得到解决,力争使城乡人民的生产、生活环境达到洁净、优美的程度,各种自然生态恢复到良好状态,基本适应人民物质文化生活所达到的小康水平。

1989年,第三次全国环境保护会议所提出的环保目标是:在2000年,使环境污染基本达到控制,重点城市的环境质量有所改善,自然生态恶化的趋势有所减缓。

1995年公布的《中共中央关于制定国民经济和社会发展"九五"计划和2010年远景目标的建议》中,有关环保目标已经转换为到20世纪末,力争环境污染和生态破坏加剧趋势得到基本控制,部分城市和地区环境质量有所改善,只要求到2010年基本改变生态环境恶化的状况,城乡环境有比较明显的改善。

以上环境保护目标的不断调整和变化,一方面反映了政府对于环境问题更为实际的态度;另一方面,也从侧面反映了我国环境状况日趋恶化这一趋势。

其次,我们可以从定量的角度进行分析:从下列有关数据中,我们可以看出我国环境状况的加速恶化趋势。

据《中国统计年鉴》统计,从1982年到1999年,工业"三废"的排放产生量逐年递增,水土流失面积也在逐年扩大。有关研究还表明,近年来,我国耕地面积呈持续减少的趋势,从1986年到1995年,我国耕地面积净减少193万公顷,年平均减少19万公顷,相当于我国3个中等县的耕地面积。与1998年相比,1999年我国耕地面积净减少43.7万公顷。

同时,尽管多年来不断开展植树造林活动,我国森林覆盖率有上升趋势,但比例仍然很低,2022年覆盖率为23%。更重要的是,由于长期开发和破坏,原始森林面积大大减少,森林结构不合理。正常的森林结构是:幼、中、成林各占1/3,其累计比例为1∶3∶6,而我国的森林结构2000年为1∶3.1∶1.6,到2011年为1∶0.6∶1.3。森林资源的这种状况,与我们不合理的利用有着直接关系,如中国一年使用一次性方便筷子近450亿双,它相当于大约2500万棵成年大树。而一棵大树的生态价值是其加工成材价值的9倍。一棵50年生桦树可生产5000双筷子,仅供中国10家中等餐馆使用1天。

因此,随着社会转型的加速进行,我国的环境状况,无论是环境污染,还是生态破坏,确有持续恶化的趋势,而且这种趋势还将持续相当长的一段时间。

二、环境问题越来越表现为人与人之间的矛盾

人们在生产中不仅仅同自然界发生关系。他们如果不以一定的方式结合起来共同活动和互相交换其活动,便不能进行生产。为了进行生产,人们便发生一定的联系和关系;只有在这些社会联系和社会关系的范围内,才会有他们对自然界的关系。[1]当今环境问题不仅反映出人与自然关

①周嘉昕. 马克思的生产方式概念[M]. 南京:江苏人民出版社:马克思主义研究丛书,2019.

系的失调,而且越来越反映出人与人之间关系的失调。在某种意义上说,人与人之间关系的失调已经成为环境问题迅速扩散和日益加剧的重要原因。这里,所谓人与人之间的关系,既包括具体的人与人之间,也包括抽象的一个集团与另一个集团之间;既包括国内人与人之间,也包括国际人与人之间。

（一）从国际层次上看,存在着发展中国家与发达国家之间关系的失调,致使发展中国家成为发达国家转移污染的重要场所

主要表现为以下三个方面:①发达国家对发展中国家的资源掠夺。当今世界原材料和能源的消费格局是,占世界人口25%的发达国家所消费的木材相当于世界木材消费总量的85%,他们还消耗着世界金属加工总量的75%,全球能源总消费量的75%。以二氧化碳的排放为例,在与能源有关的二氧化碳排放总量中,工业国占了60%,在1998年,美国便占了25%。如果以人均角度看,高收入国家是低收入国家的8.2倍。其中,中国也是受害者之一,如日本的方便筷主要来自中国。②发达国家将污染密集型产业或产品向中国转移。有关资料表明,1991年,外商在中国投资设立的生产企业共11515家,其中,属于污染密集型产业的企业高达3353家,占生产企业总数的29%。根据1995年第三次工业普查资料显示,外商投资于污染密集型产业的企业有16998家,占三资企业总数的30%以上。其中,投资于严重污染密集型产业的企业数占三资企业总数的13%左右。③"洋垃圾"的国际走私活动猖獗,发展中国家(包括中国)沦为发达国家的"垃圾堆"。近十几年来,发达国家向发展中国家倾倒垃圾的速度增长很快。以电子垃圾为例,仅电脑一项,1998年美国就废弃了32000多万台,其中有11%的零件被重新组装,由此形成的电子垃圾就高达500万~700万吨。在美国西部"回收"的电子零件中,有50%~80%最后运到包括中国在内的亚洲国家。据估计,我国1990年进口"洋垃圾"99万吨,到2000年增加到1750万吨。这些"洋垃圾"在分解过程中,产生大量的残渣,其中包括大量的汞、铅、镉等有毒、有害物质和不可降解的塑料,极易污染空气、水源和土壤,无疑加剧了我国的生态环境危机。如在广东省潮阳的贵屿镇,有三四千农户依靠拆装"洋垃圾"为业。他们把少量的零配件拆卖后,把大批无法再生的废旧电器积聚下来,或焚烧,或用化学方法提取金属,导致环境被污染,使原本山清水秀的贵屿镇成了远近闻名的"垃圾镇",一些耕地已不长庄稼,河水臭不可闻,农户生产、生活用水不得不靠从外地引水。2004年3月下旬,日本九州的一家公司向山东省青岛市出口6000吨废旧塑料时违反了《巴塞尔公约》,采取欺骗手段,故意将少量合格的货物装在上层,而将大量不符合规定、毫无利用价值的有毒废料藏在下面非法输入我国,从而给当地环境带来了严重污染。这是继1996年4月美国假借出口混合废纸向中国倾倒废料的又一起严重的"洋垃圾"事件。种种"洋垃圾"在中国的再生和储存对相关地区及其居民造成了很大的环境损害。

(二)从国内层次上看,一些环境问题的加剧和扩散,也明显与人与人之间关系的失调有关,一些地区、部门或个人,为了一己私利不惜污染他人的环境

从大的方面看,中国的环境污染有从城市向农村蔓延的趋势。这反映出城乡居民关系的失调。

东部地区在享受环境利益的同时,却没有承担相应的环境责任。

从小的方面看,一些企业为了一己私利降低排污标准,对其周围人群及其环境造成更大的污染。如淮河流域的小造纸厂、化工厂已经被取缔,但仍在偷偷生产。造纸是高污染的企业,COD排放量占淮河工业排放量的47.5%,而经济贡献率却只有3.6%。

其他大江、大河、湖泊的污染,在很大程度上也与人与人之间、地区与地区之间的利益相冲突。这种利益冲突使得大家难以采取一致的行动来保护环境。例如,松花江的水域污染问题长期得不到真正解决,其中的一部分原因就在于此。

因此,所谓环境问题,实际上已经成为真正的社会问题。

三、生活污染在环境污染中的分量加重

有资料表明,随着人们生活水平的大幅度提高,生活方式的迅速现代化、生活内容的多样化和消费周期的短期化,人们的生活性污染对环境问题的加剧起着越来越重要的作用。如近年来,生活污水在中国废水排放量中所占比例逐年上升,由1980年的26%上升到1999年的50.9%。

还有引人注目的生活垃圾问题,也已成为我国环境问题的重要内容。1997年的《中国环境状况公报》中指出:"垃圾围城现象严重",近年来,塑料包装物用量迅速增加,白色污染问题突出。有关专家预测,今后10年

内,我国城市垃圾的年增长速度将在10%以上。所有这些均表明,普通居民对环境问题也负有越来越大的责任。如果不对目前的生活方式和消费方式进行适当的调整和科学管理,那么,这种生活方式和消费方式是难以持续的,并且将对环境造成越来越大的破坏(荷兰对一次性方便袋实行收费,仅在第一周,塑料方便袋的使用数量就降低了90%,而收取的费用也被用于环境保护)。可喜的是,我国2008年也已出台了禁止无偿使用塑料方便袋的措施。

四、城市环境问题局部有所缓解

由于城市是工业生产、商业和人口集中的地带,所以,一般来说,城市是我国环境污染最集中、最严重的地区。其中,各项污染物的排放量都很大,同时,噪声污染、光化学污染等也主要集中在城市。

1980年以来,我国政府针对城市环境问题制定和实施了一系列相关政策和措施。它们结合企业技术改造、开发资源、能源的综合利用、优化产业结构,对重污染企业实行关、停、并、转、迁等;同时,各城市还大力加强了城市基础设施建设,实行集中处理,控制污染排放,并不断完善城市环境管理法规。进入20世纪90年代,城市环境污染排放日益得到控制,许多城市的某些环境质量状况有了一定程度的改善。

五、农村环境问题失控

到了20世纪90年代中期以后,随着城市居民环境意识的提高,社会舆论对于城市污染的斥责,以及城市政府基于各种需要而对城市污染治理力度的加大,一些城市的污染状况开始有所好转。与此同时,中国农村环境状况的恶化有加剧的趋势,每年发生近万起农业污染事故。广大农村的污染问题凸显在我们面前:在一些较为恬静的乡村,污染的严重程度可能已经超过了城市。中国农村环境问题的失控主要表现在以下几方面。

(一)农业生产发展所造成的环境问题日益严重

在我国耕地面积逐年减少的情况下,主要农产品的产量却能不断增加,并长期处于世界各国前列。这当中,农业经营方式的转变和科技要素的投入功不可没。然而,现代科技是一把双刃剑,它在给人们带来巨大利益的同时,也使人们面临着空前的风险。当代中国农业发展过程中所造成的环境污染就是这种风险的一种类型,如农药、化肥和农用地膜的使用都存在着一定的环境风险。

(二)乡镇企业发展所造成的环境问题

1979年以来,我国乡镇工业遍地开花,产值已达到工业产值的42%,成为工业的"半壁江山"。乡镇工业在推动我国工业化进程中的功绩不可抹杀,但它对我国生态环境的冲击也同样不可忽视。乡镇工业对环境的污染和对能源、资源的消耗,要大大高于同等类型的大、中型企业。如乡镇工业单位产值废水排放量为城市工业企业的2~3倍,单位产值能耗约为国有企业的2~4倍。特别是有些乡镇工业采用原始的、极为落后的工艺进行生产,如小炼焦、小炼硫等,往往把一片生物繁茂的地区,变成草木不生的"死亡地带"。可以说,乡镇工业的污染已经成为我国环境恶化的主要根源,特别是对当地农民、农业和农村的影响,危及农民的生存权,使农业蒙受巨大的经济损失,农村遭受着严重的环境污染。

六、环境问题与贫困问题有形成恶性循环的趋势

从国际层次上看,目前中国仍然属于发展中国家,为了提高综合国力,必然强调发展经济,由此导致陷入了经济发展与保护环境的矛盾。同时,由于国力有限,不可能拿出太多的钱用于环境治理。因此,从总体上看,在相当长的一段时期内,中国的环境免不了要继续恶化。

从国内层次上看,尽管改革开放40年来,经济有了很大发展,人们生活水平有了很大提高,但是,社会转型的过程并没有完成。与此同时,区域间经济发展不平衡,且差距仍在扩大。在这种形势下,要谋求经济发展和环境保护的"兼得"很困难。

特别是从国内情况看,环境问题,特别是生态破坏问题的地区分布与贫困问题的地区分布有着高度的相关性。这样使得这些地区的环境问题与贫困问题在某种程度上陷入恶性循环。如黄土高原、西北地区、西南地区的山区丘陵地带,由于人地矛盾尖锐,有很多的农村人口依赖于有限的土地求生存,导致过度利用,生态环境日趋恶化。其中,草场因超过承载力而导致的脆弱生态环境在中国广大牧区十分普遍。

关于我国水土流失问题的研究表明,陕西、宁夏、山西、内蒙古、青海、甘肃等地区是我国生态环境的脆弱带,与此同时,我国的大部分贫困县都集中在这些地区和省份。在这些地区,由于人们的基本需求都难以得到满

足,因而人与环境的冲突更为严重。例如,甘肃的定西是全国著名的贫困区,由于生态环境恶劣,绿色植被稀少,燃料、肥料、饲料都奇缺,人们为了活下去,不得不铲草皮做燃料。在这一地区,每人每年要铲草皮500多千克。失去植被的土地则导致进一步的生态恶化,而生态的失衡又加剧了贫困。这样一种恶性循环非常令人担忧。

七、公众环境意识水平低下

当代中国环境问题的又一重要方面是:多数人对于环境问题的客观状况缺乏清醒的认识,环境意识水平低下。

环境意识的内涵包括了四个方面:对环境状况和环保规则的了解(环境知识)、基本价值观念、参与环境保护的态度、环境保护的行为。

在环境知识的了解方面,环保知识处于相当低的水平。青年的环境保护意识较高,中老年较低;城市居民较高,农村居民较低。

在基本价值观方面,很多公众持不符合环保观念的自然观。多数人赞成环境问题上的"科学万能论"。例如,在人应(顺其、利用、征服)自然来谋求幸福这一问题上,竟然有33.9%的人同意"征服",27.3%的人同意"利用"。所以,引导公众的自然观向环保价值取向转变是一项值得重视的任务。

另外,调查表明,"科学万能论"的赞成者(57%)远多于不赞成者(19%)。这项结果也是非常令人担忧的。

在参与环境保护的态度和行为方面,与人们掌握的环保知识相关,环保知识掌握得越多,人们的态度与行为越积极。另外,还与公众的文化知识水平有关,文化程度越高,参与程度越高;并且还与人们对当地环境状况的感受有关。由于人们掌握的环保知识较少,多数人的文化程度较低,因此,公众参与环保的态度和行为相对落后,或者大多数流于口头上,流于某些环保日上,真正落实到行动上的较少。

八、环境问题与其他社会问题交叉重叠解决起来难度加大

对于环境问题而言,它既是传统社会遗留下来的,更是社会转型所加剧的问题。在社会转型期,它与其他社会问题交叉、重叠在一起,解决起来难度日益加大。甚至,由于环境问题之解决的长期性和公众环境意识低下,它常常会被转型期的一些突发性问题所遮掩。如经济发展问题、就业

问题等,这些问题吸引了大部分人的注意力。另外,环境问题与人口问题交织在一起是一个重要特征。在新中国成立之初,我国只有5.4亿人口,而今天已超过14亿人口。在一个发展中的人口大国,如何协调人口、经济与环境之间的关系的确较难。

通过上面的分析可见,我国当前的环境问题是与社会的加速转型密切相关的,是与当代中国社会加速转型紧密相关的。其中,既有结构上的原因,也有体系上及价值观念的变化上的原因。所以,只有深入研究这种转型,我们才能加深对中国环境公正问题的认识,才能逐步缓冲转型中的环境问题,走出一条协调发展的新路,既有高速的经济增长,又有社会的和谐稳定。

第六章 环境问题的社会影响

第一节 人与自然的对抗和协调

人类已经有了漫长的历史。自人类从自然界诞生以来,人与自然的关系、环境与发展的关系便随之形成,并且随着人类的发展而不断地演化发展着。

一、人类社会经济发展的轨迹

纵观人类社会经济发展的历史,从人与自然的关系以及环境与发展的关系来看,经历了四个发展阶段。

(一)白色发展阶段(渔猎文明、农业文明时期——17世纪以前)

科学研究表明,人类是由一种古猿类发展而来的,由古猿向人的进化,直接的外部诱因就是气候和自然条件的变化。我们生活的自然环境是地球的表层,由空气、水和岩石(包括土壤)构成大气圈、水圈、岩石圈,这三个圈在太阳能的作用下,进行着物质循环和能量流动,使人类(生物)得以生存和发展。由于气候的变化,古猿生活的地区比以前干旱,导致森林稀疏,丛林间隙的扩大,森林的大面积消失,严重破坏了古猿的栖息场所和生存条件,迫使原来生活在大片森林里的古猿走出森林,经常到地面上觅食,从而加速了其手足的进化,也为古猿学会制造工具创造了条件。于是,最原始的人(猿人)和最原始的社会组织开始形成,从此就开始有了人类的历史。

制造和使用石器和木棒是人类这一物种区别于其他生物的根本性标志,它给原始人群的生存和延续带来了新的曙光和希望,但是人类的生存空间并未因此得到根本性的拓展,对自然环境的依赖仍旧是人类生活的主旋律。他们选择气候温和湿润、高山蜿蜒起伏、森林茂密、草原广阔、大小河流交错之地群居,依靠集体的智慧和力量采集野生植物、捕捞水生动物或猎获野生动物为食,对于这些以采集狩猎为生的人类来说,自然资源就是他们的生活来源,他们对自然界充满了神秘和敬畏。一方面,他们自己要不断地向自然界攫取自然资源并与其他生物争夺自然资源;另一方面,他们要抵御凶猛野兽的侵扰,躲避洪水、瘟疫等自然灾害的袭击。采集和渔猎致使动植物的种类和数量不断减少,加上过度放牧,导致人群不得不逐草而栖,到处迁移。这是人类文明史中环境问题的萌芽。远古时期,由于人口稀少,人类对环境没有什么明显的影响和损害,在相当长的一段时间里,自然条件主宰着人类的命运。

到了距今1万年前后,人们逐渐改变了旧石器时代只能依靠采集和渔猎获取生活资料的攫取性经济,而代之以生产型经济。人们知道了如何种植植物、驯养繁殖动物,人类的生活有了较为稳定的食物来源,固定的居所也解除了寒冷与野兽的威胁,这是人类生存和发展的一次飞跃,农业的发明无疑是人类征服自然的一个新的里程碑。如果说,在采集渔猎社会里,人类将自己看作是自然界的一部分,自然界里的一切与人一样都是有生命的,那么,农业的发明则是人类将自己与自然界分离的开始。

在"刀耕火种"的年代,人类为了养活自己并生存发展下去,开始毁林开山,运用灌溉和施加肥料的方法来增加种植物的产量,努力摆脱自然界的束缚。伴随着农业的发展、生活居所的稳定、生产能力的提高,人类生活开始向着多元化方向发展,表现为社会分工与交换的扩大,私有财产和贫富分化的出现。财富的增加刺激着人们的贪欲,为了满足自己无限扩张的欲望,人类开始凭借长期积累的技能向自然和同类大肆掠夺和征讨。铁制工具较多的使用和牛耕的推广,大大提高了人类改造自然和争霸的能力,山林的开发、草原的开垦、频繁的战争使植被受到严重破坏,水利年久失修,这些行为造成了水土流失、土地沙漠化、原始森林消失,人为因素造成的环境问题开始显现。

在渔猎文明、农业文明时期,由于生产力水平极其低下,人类只能用简单的劳动工具从事物质资料的生产,经济结构以农业为主、手工业为辅,有少量的铸造业,生产效率低下,人口在相当长一段时间内保持了相对稳定。根据古籍记载,公元2年,我国人口已经达到了5959万人,明太祖洪武二十六年(1393年),我国人口为6055万人,只增加了100万人左右,其间,南宋为人口的高峰时期,南宋加金国人口合计达到了6000万人,除此之外,绝大多数时间内我国人口都未超过6000万人,几千年里,人与自然始终能够处于一种相对和谐的状态。由于造成环境的污染、生态的破坏没有超过自然生态系统的承载力,我们称之为白色发展阶段。

(二)灰色发展阶段(工业文明时期——17—20世纪中期)

以"五月花号"船驶往美洲新大陆——美国的诞生为标志。大约在公元16世纪末到17世纪,英国清教徒发起了一场来势凶猛的宗教改革运动,宣布脱离国教,另立教会,主张清除基督教圣公会内部的残余影响。但是,在17世纪,保皇议会通过了《信奉国教法》,清教徒开始遭到政府和教会势力的残酷迫害,他们只得迁往荷兰避难。在荷兰,清教徒不仅没能逃脱宗教迫害,而且饱受战争带来的痛苦和折磨,他们再一次想到了大迁徙。他们把目光投向美洲,哥伦布在100多年前发现的这块"新大陆",地域辽阔,物产富饶,于是,清教徒的著名领袖布雷德福召集了102名同伴,在1620年9月,登上了一艘重180吨、长27.43米的木制帆船——五月花号,开始了哥伦布远征式的冒险航行。正是这次远航,诞生了世界上最强大的国家。

300多年前,西方从传统农业文明转向了传统工业文明,形成了传统工业文明主导下的世界经济与政治格局。欧洲各国在18世纪已先后取得了资产阶级革命的胜利,摆脱了阻碍生产力发展的封建羁绊,资本的原始积累使资本家获得了大量金钱,使成千上万的农民破产为"自由的"劳动者,随着工场手工业的发展和社会分工的细化,大批熟练工人在技术改进上积累了经验,使得机器生产成为可能。17—18世纪的科学技术为生产的发展提供了许多发现和发明,在这种情况下,英国和相继而起的其他一些国家开始了工业革命。

工业文明时期,人类共经历了三次科技革命,每一次都使生产力发生了巨大的飞跃,对世界经济发展和生产、生活方式的变革产生了极其深刻的影响。工业革命促进了社会生产力的迅速发展,由于工业革命的结果,从1820年到1913年,世界工业生产增长了49倍。

17—20世纪中期,随着人类科学技术的发展与进步,人类征服自然的能力不断提高,物质财富不断增长,生存条件大为改善。由于人类缺乏环保意识,认为环境是无价的,资源是取之不尽、用之不竭的,"征服自然、利用自然、人定胜天"是这一时期的主导思想,加上对化学物质毒性的时间性、致癌性和生物聚集性尚无认识，因此对废水、废气和废渣的排放没有采取立法等措施来限制，人们普遍认为只要充分降低某一化学物质在特定介质中的浓度就足以减轻其最终影响，甚至认为把废水、废气、废渣稀释排放就可以无害。虽然说自然生态系统对某些外来的化学物质是有一定的抵抗和净化能力的，但这种能力毕竟是有一定限度的，当污染物超出环境的自净能力时，就会对生态环境造成严重破坏，并且可以通过呼吸、饮食等途径进入人体，威胁人类健康。由于认识上的误区，人们大量采用稀释废物的办法来处理污染物，从而导致了20世纪30年代以来世界范围内的"八大公害事件"。

尽管当时环境污染问题已经产生，环境公害事件在世界上产生的震动极大。由于在1950年全世界人口仅有25亿，资源枯竭问题暴露得还不明显，生态的破坏还不是十分严重，但环境问题仍像挥之不去的"灰色幽灵"，我们称之为灰色发展阶段。

（三）黑色发展阶段（后工业文明时期——20世纪中期至20世纪80年代）

20世纪中期至20世纪80年代，世界经济高速增长，世界人口急剧膨胀，1987年世界人口达到50亿人。

第二次世界大战以后，相对和平的国际环境为各国恢复战争创伤、发展经济提供了良好的条件，西方工业化国家仅仅用了20多年时间，就使得工业生产增长了50倍以上，资源和能源的开采和消耗量也增加了30倍。以日本为例，1951年到1973年，日本国民生产总值平均每年实际增长10.1%；1967年，国民生产总值超过英国和法国；1968年超过西德；到了1985年，国民生产总值仅次于美国，居世界第二位。

然而，在经济高速增长的同时，环境污染也成为极其严重的问题。仍以日本为例，20世纪70年代以后，城市人口过度集中，飞机、新干线、汽车等交通工具所造成的公害问题随之产生。为了改造日本列岛，曾大规模开发山区农村，对自然生态环境也造成了破坏。

面对人类生存环境的不断恶化，环境保护运动开始在全球范围内兴起，人类对化学品的环境危害也有了更多的了解，各国政府纷纷制定环保法规，开始对废物的排放量进行"管制与控制"，特别是控制废物排放的浓度。由于环保法规日益严格，许多企业开始将废水、废气、废渣进行处理然后排放,这样就开发了一系列废物的后处理技术,如中和废液、洗涤排放废气、焚烧废渣等等。但这种"先污染、后治理""先恶化、后改善"的发展模式并没有从根本上解决环境问题,结果是旧的环境问题尚未得到解决,新的环境问题又源源不断地冒出来。

这种发展模式是以物质资本快速积累、自然资本逐渐枯竭为特征的,突出表现为高资源消耗量和高污染排放量,过分注重经济增长,而忽视人类发展的其他方面,所谓的经济增长和社会发展也是以牺牲环境为代价的,我们称之为黑色发展阶段。

(四)可持续发展阶段(20世纪90年代以后)

发展是人类社会永恒的主题,在此过程中,人类既取得过辉煌的成就,也遭受过无数的挫折和失败。20世纪60年代以来,人口爆炸、资源短缺、环境恶化和生态失衡四大危机开始显现,促使人们开始检讨和反思经济增长的传统发展模式。

20世纪70年代,罗马俱乐部提交了它的第一份研究报告——《增长的极限》,报告包括"指数增长的性质""指数增长的极限""世界系统中的增长""技术和增长的极限""全球均衡状态"五章,从人口、农业生产、自然资源、工业生产和环境污染等方面阐述了人类发展过程中,尤其是工业革命以来,经济增长模式给地球和人类自身带来的毁灭性的灾难。书中以各种数据和图表有力地证明了传统的经济发展模式不但使人类与自然处于尖锐的矛盾之中,并将会继续不断地受到自然的报复,对正处于高增长、高消费的西方世界发出了关于"人类困境"的天才预言。

1972年6月,联合国人类环境会议在瑞典斯德哥尔摩召开。当时全球正面临环境日益恶化、贫富分化严重、地区间冲突加剧等一系列突出问题,国际社会迫切要求共同采取一些行动来解决这些问题。大会经过广泛的讨论,通过了《人类环境宣言》(又称《斯德哥尔摩宣言》)和《人类环境行动计划》等重要文件。由芭芭拉夫人与一大批学者提出的"只有一个地球"的口号确定为大会的主题,现已成为人类共识。这次会议之后,根据需要迅速成立了联合国环境规划署。

20世纪80年代,联合国出于对21世纪人类发展前景的思考,组建了以当时挪威首相布伦特莱夫人为首的"世界环境与发展委员会",集中各方智慧来探索人类对于自身及未来发展的战略选择。1987年,《我们共同的未来》的报告第一次在全球范围内提出了"可持续发展"的概念。

1992年6月,联合国在巴西里约热内卢召开了联合国环境与发展会议。会议通过了《关于环境与发展的里约热内卢宣言》《21世纪议程》等重要文件。在这次会议之后,联合国成立了可持续发展委员会。

可持续发展的概念提出后,围绕其含义展开了激烈的争论,主要是发达国家与发展中国家对其理解有所不同。《21世纪议程》对可持续发展思想进行了完善和升华,并且制定出一套系统的可持续发展全球战略,迈出了可持续发展从理论到实施的关键一步。

由于可持续发展强调发展与可持续性相统一,重视当代人与后代人的平等,将对生态环境的保护当作发展过程中的一个重要组成部分,强调发达国家对于全球环境保护应承担的责任,对生态持续、经济持续和社会持续发挥了重要作用。世界组织和一些国家通过健全环境法规约束和规范人们的环境行为,充分利用行政的、经济的、技术的各种手段更有效地减少和治理环境污染,逐渐改善和提高了环境质量,使全球范围内环境问题加剧的势头得到了一定的缓解,我们称之为可持续发展阶段。

上述四个发展阶段表明,随着环境问题的产生,人类对环境问题的认识在不断深化,对环境问题的处理方式在不断改进,人与自然共存共荣的美好愿景必将成为人们的共识。

二、人类环境价值观的形成

人类的任何一个实践活动都是在一定的思想指导下进行的,而最深层次的指导思想就是价值观,因而,人类对生态环境破坏的原因,首先应该到人类对自然持有怎样的观念中去寻找。

人类环境价值观的形成,主要经历了以下四个时期:一是原始发展时期,人类敬畏、依附于自然;二是农业文明时期,人类顺应、利用自然;三是工业文明时期,人类控制、支配自然;四是绿色文明时期,人类利用、善待自然。

在不同的时期,人类对自然持有不同的价值观念。

原始发展时期,在人适应环境的过程中,人们逐渐发现风、雨、雷、电等自然现象都与农业、牧业有着密切的关系。于是,人们开始产生一种自然意识,朦胧中感到人类社会与自然环境有密切联系。人与自然的这种原始结合,体现了当时人与自然关系的一种天然的、纯朴的和谐,以及生态环境仍然处在一种自然平衡状态,人类对待自然的观念表现为一种朴素的自然观。

农业文明时期,是以自然经济为基础的农业社会,由于当时生产力水平极其低下,人类对自然环境的影响是有限的,这个时期的人类依旧处于弱势地位,虽然对自然的干预往往也造成了始料不及的后果,但人类对它的改变尚未超出其容量,人与自然的关系维持着大体的平衡。面对这样的现实,人类祈求人与自然和谐的思想层出不穷、大放异彩。

工业文明时期,开启了真正的大规模的人类作用于自然的时代。在人与自然的关系上,人类中心主义长期居于主导地位,工业文明造成了人与自然的"异化"。与此同时,"人定胜天""征服自然、改造自然"等成为向大自然"宣战"的响亮口号①。正是在这样的观念和态度的引导和支持下,在工业文明中,人类开始了对大自然的大肆开发与扩张,生态环境危机因此接踵而至。随着资本主义现代生产方式与经济活动方式的全球性扩张,这种观念也成为现代世界普遍流行的一种价值观。还有如"自然资源取之不尽,用之不竭"的观念,"人是万物的尺度与主宰"的思想,经济生活中消费主义的观念,科技至上的观念,等等,都表现着现代人类种种以自然为征服和索取对象的固执与浅陋。

绿色文明时期,人们认识到,人与自然的关系并不是谁主宰谁的主仆关系,而应是相容与和谐的关系。"人类中心主义",将人与自然对立起来,给人类带来空前的灾难,实践证明是行不通的;如果一切以自然为中心,提倡"生态中心主义",那也是有失偏颇的。只有将二者有机地结合起来,既尊重自然,按自然规律去利用自然、改造自然,又在利用的过程中保护自然、善待自然,才是人类不断发展的理想之路。

绿色文明,是人与自然协调进化、共同发展的结果,是人类社会历史发展的必然选择。从某种意义上讲,人们环境价值观的形成,经历了类似辩证法中"否定之否定"的三个阶段:第一,人类从动物进化而来,起初自然地认为自身是自然界的一个组成部分,由于科学技术不发达,人们崇拜自然界的力量,这种认识反映在原始宗教中的自然崇拜和哲学观念中;第

---

① 赵荣锋.构建人类命运共同体:全球生态治理的中国方案[J].唐都学刊,2022,38(01):39-46.

二,随着科学技术的发展,人类开始把自己与自然界分离开来,把后者看作是外在于人类而被利用和开发的对象,这是第一个"否定";第三,人类对自然界资源的开发达到了威胁自然界持续性的程度,继而反过来威胁到了人类自身的生存,因而人类再次认识到自己仍然是自然界的组成部分,完成了"否定之否定"。

上述表明,人的主体性是在人类进化过程中逐渐确立起来的。人在实践活动中,把人以外的一切存在变成自己的活动对象,变成自己的客体。尤其是近代工业革命之后,人们利用科学技术来揭示自然的奥秘,用于征服自然、改造自然、主宰自然,并极大地满足了人类日益膨胀的物质欲望。由于过分夸大人的价值,而忽视自然的价值,从而形成了人与自然的对抗,其结果是人与自然两败俱伤。在残酷的现实面前,人们开始领悟到,要从根本上解决环境问题,就必须确立新的环境价值观,实现人与自然的协调。

第二节 资源环境问题制约经济发展

中国经济的增长主要是依靠"四大物质要素"来拉动的:一是消耗自然资源,二是污染环境,三是资本投资,四是廉价的劳动力成本。这种经济增长方式,发展空间越来越小,发展代价越来越大。

一、自然资源在经济增长中的作用

自然资源,是由人发现的有用途和有价值的物质,主要包括土地、矿藏、森林、水等天然资源。根据它们自然生产潜力的不同,人们通常把自然资源划分为可再生资源和不可再生资源。自然资源的储存总量是有限的,随着人类社会活动的多样化和消费需求的扩张,资源终将变得相对稀缺,成为经济增长的限制因素。

二战以来,大多数发展经济学家认为,自然资源和经济增长之间往往存在如下关系:一是不论任何地区,都会存在一种或多种自然资源,对国民总产值影响最显著;二是自然资源影响经济增长的程度有强有弱;三是分析经济增长时,可找出影响经济增长的"瓶颈"因素,即稀缺性资源或高成本开采的资源。因此,自然资源的丰裕程度会给经济增长带来有利或不利的影响。

(一)自然资源对经济增长的正效应

自然资源是经济运行和经济增长的自然基础,是经济发展的重要组成部分,也是区域经济增长的基本要素。自然资源对经济增长的作用主要表现在以下方面。

第一,自然资源是社会经济发展的物质源泉。人类要生存,就必须有维持生活的物质资料,而要取得这些生活资料,就必须对自然资源进行开发和利用。无论是自然界的现成物,还是经过劳动加工的原材料,归根到底都取之于可再生资源和不可再生资源。自然资源的状况和质量决定了人类生活的状况和质量。可以说,离开了自然资源,任何社会的经济增长都会成为空话。美国工业化的成功,很大程度上要归功于国家充分发挥了范围广大的矿产资源的作用。

第二,自然资源的储量、种类及其质量和结构的状况,在很大程度上影响着经济发展的速度、结构与效益。比如,中国的能源消费结构过度依赖煤炭。世界上煤炭在一次能源中的比例只占到27%,油气大概占到60%,水电核电占到10%左右。可是中国2004年煤炭占到69%,中国一个国家消费的煤炭占全球的40%。由于中国的需求量太大,一旦出现煤荒,经济发展速度必然受到较大的影响。同时,煤炭在开发、利用、运输等过程中产生的污染,对环境造成的严重影响,已引起国人和周边国家的关注,速度、结构与效益的矛盾十分突出。

第三,自然资源影响产业结构调整。一个国家和地区的产业结构,首先受制于这个国家和地区的自然资源状况。没有矿产资源、林业资源,发展采掘业和林业的可能性就小。一国的生产力越不发达,自然资源对其产业结构影响越大。因而,不发达国家的产业布局主要取决于自然资源的状况;发达国家不但能有效利用本国资源,而且能利用不发达国家的廉价资源。如20世纪50年代末,中国一直采用高能耗的增长模式,其原因之一就是中国的煤炭储量较大。这一增长模式和产业结构属于能源高度密集型,需要一次能源供给的不断增长来提供支撑。按目前已探明的煤炭储量,现有煤炭资源能够维持的时间有限,中国的产业结构调整和可再生能源的大量使用十分紧迫。

第四,自然资源利用能促进技术进步。随着人们对劳动对象的利用由初加工向深加工方面深化,大大促进了技术的进步,改变了生产对自然资源的依赖程度。对于不可再生资源,技术能促进资源系统的承载能力、维持能力以及资源配置能力的提高;对于可再生资源,技术能提高资源潜在利用效率、促进生态系统的稳定、促进生产要素量的增加和可再生资源系统的产出率提高、促进生产效应等。

第五,自然资源丰裕度会影响社会劳动生产率。劳动生产率,一般以劳动者在单位劳动时间内所生产的产品数量来表示,或是用单位劳动产品所消耗的劳动量来表示。它反映的是人与自然、人与物的关系,是反映人们在生产过程中认识和利用自然界能力的一个综合性指标。劳动生产率的变化取决于自然条件。一般说来,在其他条件相同、自然资源优劣不同的情况下,人们即使花费了等量劳动,劳动生产率也是不同的。许多资源丰裕的国家,其社会劳动生产率往往都比较高,能有力地促进其经济增长。

(二)自然资源对经济增长的负效应

在20世纪中晚期,许多煤矿、石油等自然资源富集的国家和地区,长期经济增长速度要慢于自然资源相对稀缺的国家和地区。与之形成鲜明对比的是,同时期的中国香港、新加坡、韩国和中国台湾,在自然资源相对稀缺的情况下,经济增长速度却远远超越了自然资源丰裕的国家和地区。为何自然资源丰裕的国家会出现经济停滞?许多经济学家进行了研究,主要提出了以下几种解释。

一是"荷兰病"(Dutch Disease)。"荷兰病"模型源自荷兰和英国,20世纪70年代北海石油被发现,而经济却出现了不景气的趋势[1]。石油和其他一些自然资源也许可以创造财富,但这些资源本身却不能创造就业机会,而且很不幸,这些资源的存在还会对其他经济部门产生挤出作用。

"荷兰病"理论认为,某种自然资源的发现或自然资源价格的意外上涨将导致两方面的后果:一是劳动和资本转向资源出口部门,则可贸易的制造业部门现在不得不花费更大的代价来吸引劳动力,同时由于出口自然资源带来外汇收入的增加使得本币升值,打击了制造业部门的出口竞争力,这被称为资源转移效应;二是自然资源出口带来的收入增加会提高对制造

---

①马子红,胡宏斌. 自然资源与经济增长:理论评述[J]. 经济论坛,2006(07):45-48.

业和不可贸易部门的产品需求,但这时对制造业产品需求的增加却是通过进口国外同类价格相对更便宜的制成品来满足的,这被称为支出效应。两种效应的结果是最终使得制造业衰落,服务业繁荣。问题在于制造业承担着技术创新和组织变革甚至培养企业家的使命,一旦制造业衰落,一个国家就失去了长足发展的驱动力。

二是制度因素的影响。在新经济增长理论中,制度也是影响经济增长的非常重要的因素。首先,完善的法律制度环境、高效的行政体系、自由的市场经济秩序等制度特征是实现良好增长绩效的必要条件。如果一个国家明文规定了较完备的产权制度,那么自然资源丰裕,则不会导致消耗战。而在社会基础不稳定、经济政策混乱的国家里,自然资源丰裕会导致不经济的寻租活动,敛财的贪欲会使得一些政府官员致力于争抢现有的财富,其结果往往是战争,或者是在局外人的帮助和怂恿之下政府官员的寻租行为。毕竟,通过贿赂政府官员,让他们以低于市场价的价格来出售资源,要比投资和开发一个工业企业的成本低得多,因此某些企业屈服于这种诱惑也就不足为奇了。来自贸易条件改善或自然资源储量的新发现的收益,可能导致“疯狂摄取”,引发争夺资源租的内讧,以无效率地耗尽公共产品来结束,因而增长率就会随着收益的增加而呈递减趋势。其次,政府在巨额的“资源租”上管理不善,会产生“诅咒”现象。资源丰裕的国家将“资源租”用于公共投资的已消除了资源“诅咒”,而将“资源租”用于消费的几乎都出现了资源“诅咒”。最后,民族和睦会影响一个国家社会基础的构建,进而在资源丰裕对发展的影响方面发挥作用。在一个统一的国家内,自然资源有利于收入增长;在一个分裂的国家内,自然资源不利于收入增长。

三是价格的波动。自然资源的价格具有波动性,而对于这种波动性的管理又十分困难。投资者总是在时局很好的时候投入资金,而当时局不好时,比如说,能源的价格骤跌时,他们又会撤回资金。经济活动因此比商品价格具有更强的波动性,繁荣时期所获得的收益被紧接下来的经济衰退所抵消。由于自然资源丰裕国家的商品价格往往较高,这些国家采用出口导向型的增长模式往往都会失败。

四是人力资本投入不足。内生增长理论认为人力资本是促进经济增长的重要因素之一。自然资源的丰裕带给了国家一些风险:首先,大多数人被禁锢在包括农业的低技能资源密集型产业上,因此不愿意提高他们自己和孩子的教育水平和赚钱能力;其次,资源丰裕国家的政府和居民会过于自信,因而常常低估或忽视好的经济政策、好的制度、好的教育和好的投资等的重要性。换言之,坚持自然资本是最重要资产的国家会产生错误的安全感,因而疏于对外国资本、社会资本、人力资本和物质资本的积累。事实上,即使没有好的经济政策、好的制度和好的教育,资源丰裕的国家也能长期地依赖自然资源,生活得很好。因此,自然资本丰裕的国家通常存在以下情况:较少的贸易活动和外国投资;更多的腐败;更少的教育;比资源禀赋少或对自然资源依赖性小的国家有更少的投资。它们将极大地限制这些国家的经济增长。

通过上述分析,我们可以看到,自然资源在经济增长中的作用是十分突出的,但自然资源利用不当会抑制经济增长。利用自然资源促进经济增长是有条件的,如人力资源条件决定着自然资源能否得到充分地利用,市场条件决定着自然资源优势能否转化为经济优势,制度条件决定着经济增长的效率,等等。在一定的条件下,自然资源主要是通过内生的要素流动和外生的制度安排两种渠道制约经济增长。自然资源绝不是经济增长的充分条件,只有合理地利用、管理自然资源,并在促进经济增长的其他方面同时努力,资源才能起到支持经济增长的作用。

二、生态环境恶化对经济增长的负面影响

当代人已经意识到了这样的事实:个体利益的追逐和局部利益的膨胀导致了生态环境的破坏和过度污染,自然生态环境的恶化又会对社会经济系统产生负面影响。

(一)生态环境恶化破坏了生态资源

生态环境是经济社会存在和发展的必要条件和基础,社会经济活动必须遵循自然生态系统固有的生态规律。不适宜的社会经济活动会对生态系统产生干扰,如果这种干扰超过了生态系统的调节及补偿能力,造成了生态系统的结构破坏、功能受阻,正常的物质、能量、信息的循环与流动就会被打断,整个生态系统就会衰退或崩溃。生态环境恶化对生态资源的破坏主要表现在:一是减少了对社会经济活动资源的供应,如原材料、燃料等。二是造成了生态系统结构失调,如大面积的森林被砍伐,不仅使原来

森林生态系统的主要生产者消失,而且各类依赖于森林的消费者也因栖息地的破坏、环境改变和食物短缺而被迫逃离或消失。三是造成生态系统所具有的功能失调或减弱,表现为由于结构组分的缺损而使能流在系统内的某一个营养层次上受阻或物质循环的正常途径的中断,从而造成初级生产者的第一生产力下降,能量转化效率降低,无效能的增加。如受污染的水体与富营养化的水体,因蓝藻、绿藻的数量增加,使鱼类难以生存及缺乏饵料造成产量的下降。又如,森林生态系统遭到破坏后,一方面会降低其为社会生产提供原料等生产要素的价值;另一方面,森林植被遭破坏后引起的水土流失的加重,会造成耕地生产力丧失或下降、抵御自然灾害能力降低等直接经济损失。四是由于生态资源的不可逆性,生态资源的破坏影响后代人对资源的利用,实质上就是影响经济的可持续发展。

(二)生态环境恶化影响区域经济的发展

生态环境的状况不仅是确保某些产品质量的必备条件,而且会对经济发展的类型、规模、速度,以及生产效率和投资效率施加影响。如洞庭湖是目前仅存的两个与长江干流直接连通的大型通江湖泊之一,也是全球最重要的湿地生态系统之一。自20世纪50年代以来,由于围湖开垦、滥捕滥捞等人类活动影响加剧,洞庭湖湿地生态遭到破坏,湖面不断萎缩,调蓄洪水功能退化。为了遏制洞庭湖生态环境恶化的趋势,近年来中国采取了一系列措施。1998年以来,退田还湖政策已开始显露成效,50多年来洞庭湖首次出现恢复性增长,30多万湖区居民远离水患之苦。自2002年起,长江干流和洞庭湖实施阶段性禁渔行动,5年来累计投放鱼苗1亿尾。湖南省湿地保护条例等一系列保护洞庭湖生态环境的地方性法规得以通过。洞庭湖生态保护政策的实施付出了相当大的代价。如2007年,洞庭湖沿岸130多家小造纸厂被列入关停整顿的名单,带来了投资损失和大批工人下岗等一系列社会问题,严重影响了当地的社会经济发展。

(三)生态环境的恶化制约农业生产力的提高

我国是一个农业大国,农业生产受生态环境的影响较大,农业生产力低下造成的贫困反过来会诱发出一系列导致自然环境恶化的行为,进一步制约农业生产力的发展,从而使贫困地区更加贫困。因此,从某种意义上说,生态环境恶化既是贫困地区致贫的因素,又是这些地区的贫困人口初步脱贫后极易返贫的根源。

（四）生态环境的恶化影响产品市场竞争力

生态环境的恶化会造成传统优质农产品质量下降,进而影响产品的市场竞争力。如新中国成立初期,我国农产品在国际市场上是很有竞争力的,农产品的出口创汇,为我国工业体系的建立作出了重要贡献。然而,由于农业生产所依赖的自然生态环境条件的恶化,各种病虫害泛滥,农药、化肥的大量使用,导致我国农产品的质量大幅度滑坡,极大地影响了我国农产品的国际竞争力,甚至国内市场也受到国外优质农产品的巨大挑战。

（五）生态环境的恶化影响地区的投资环境

生态环境的恶化,不仅会造成巨大的直接经济损失,而且还会对地区投资环境产生负面影响。例如淮河流域曾是开发历史悠久、经济较为发达的地区,"走千走万不如淮河两岸"的谚语就是对该地区最形象的概括。然而,由于片面追求短期利益和局部效益,上千家5000吨以下的化学小制浆厂排放的大量污水,造成该流域生态环境的严重恶化,外部资金的吸引力大大降低,致使该地区失去了许多发展机会,给当地经济的发展带来了极大的负面影响。

（六）生态环境恶化降低了人类生存质量,进而威胁人类生存

生态环境的恶化对人体健康产生了很多不利的影响。虽然我国人民的健康水平和生活水平有了显著的提高,但与环境关系密切的一些疾病发病率和死亡率正在上升。如肺癌是一种明显与大气环境有关的疾病。我国城市肺癌死亡率高于农村。随着城市化的发展,肺癌死亡率呈上升趋势。北京和上海在近20年中,肺癌死亡率增长了200%。2008年6月13日,中国工程院院士钟南山在珠江三角洲大气污染防治高峰论坛上指出:"珠三角正面临着复合型大气污染的威胁!"复合型污染的直接后果,就是导致光化学污染和灰霾天增多,并对人体造成巨大的危害。

现在大气中微生物的污染也不容忽视。香港当年SARS大爆发,病毒之所以能迅速传播,与大气污染严重关系密切。生态环境破坏造成生物链破坏,资源枯竭,疾病蔓延,使人类面临生存危机。

生态环境恶化,对人体健康、农业生产、工业生产的负面影响,都会表

现为经济损失,资源和环境问题已成为制约社会经济可持续发展的两大瓶颈。

三、生态环境保护与经济发展的关系

人的生存依赖于环境,生态环境是人类生命存在和发展的前提条件。有人认为,环境保护与经济发展是对立的,为了保护生态环境必然要牺牲经济的发展;有人认为,环境保护与经济发展是可以相互促进的。那么,搞清楚生态环境与经济发展的关系十分必要。关于生态环境保护与经济发展的关系研究,自20世纪70年代以来,西方学者形成了三种主要观点。

第一种是经济乐观论。这种观点认为社会首先必须发展经济,才有能力负担对环境的投资,环境问题可以在其发生的时候通过开发新的技术加以解决。经济不发展,环境问题将会因为没有有效的解决办法而越来越严重。如加西特认为,20世纪上半叶的技术,已完善到以往人类梦想不到的地步,成为实现人类任何目的的现成手段。布热津斯基于1970年断言:"由于科技的发展,人类已进入技术主宰的时代。"罗斯托的代表作《经济成长阶段》指出,以科技进步程度、经济发展状况和物质消费水平为依据,将现代社会分为传统社会、积累起飞前提、起飞、走向成熟、大众高额消费和追求生活质量六个阶段。

第二种是环境悲观论。这种观点认为人类社会对自然界的破坏已经达到或超过自然界的承载,控制人类活动是根本措施。只有经济的零增长才能逐渐恢复生态,保护生态环境。在悲观主义者看来,现代技术的高度发展带来了对地球的过度开发与消耗以及对周边环境的严重污染,威胁到人类的生存与发展,这是无法避免和克服的。马尔萨斯在他的《人口论》中抨击了当时盛行的乐观主义思潮;法兰克福学派认为技术的发展使人沦为它的奴隶;随着全球性的人口爆炸、环境污染、生态破坏、气候恶化,能源资源的短缺问题日益突出。1972年罗马俱乐部《增长的极限》报告的发表,在全球引起了巨大反响,很多人开始相信"人的未来充满黑暗",有的人甚至干脆打出反技术的旗帜。他们认为,技术的发展会造成人类文明的衰落、人性的毁灭,要挽救人类,消除技术发展带来的消极后果,只有阻止技术的发展,有些人甚至主张复归中世纪和古代田园式的生活。

第三种是生态经济论。这种观点认为社会经济系统是整个生态系统

的一部分,生态系统决定了社会发展的最大限度,这个限度是根据人类技术水平状况而不断变化的,经济与生态环境需要协调发展。生态系统是一个大环境,在这个系统中的任何经济活动都不能脱离它而存在,从而形成一个不可分离的生态—经济—社会复合系统。生态环境与经济发展之间存在着既矛盾又统一的关系。生态系统本身具备生产者、消费者、分解者三大功能,生物的成分和非生物的成分通过物质的循环和能量的流动互相作用、互相依存,从而保持生态平衡,它是一种动态的平衡。生态平衡给人类社会经济发展提供了物质基础条件。当经济发展给环境带来的影响没有超过生态系统自我调节功能限度时,生态环境对经济发展具有促进作用,这时,生态环境与经济发展之间是统一的关系;当人类过度利用生态环境,导致生态失衡,生态环境对经济发展具有限制作用,这时,生态环境与经济发展之间就发生了矛盾。关键在于人类如何发展经济。只有人类在制定经济社会发展战略时,既考虑当前的需要,又考虑未来的发展,实现资源、环境的永续利用,才能实现经济效益、社会效益、环境效益的多赢。

第三节 公众环境意识的觉醒

第二次世界大战以后,美国工业化取得了巨大成就,但是,重工业和电力工业的发展,汽车数量的增加带来了更多的废水、废气排放;城市郊区迅速扩大,使得垃圾和废料大量堆积。20世纪60年代末,美国开始出现了一系列的生态灾难,洛杉矶光化学污染事件是世界八大公害事件之一。由于公害事件不断发生,范围和规模不断扩大,越来越多的人感觉到自己正处在一种不安全、不健康的环境中,人们开始重新认识人与自然环境之间的关系,反思自己过去对环境的所作所为。

一、美国环保运动的兴起

美国的环保运动起源于19世纪末,主要经历了以下三个阶段。

(一)第一次资源保护运动

由于19世纪美国经济的迅速发展,美国的自然资源被严重消耗,到了

19世纪下半叶,随着西部开发运动的高涨,美国的资源供给出现了危机,西部大片森林、草原逐渐消失,土地逐渐板化、沙化,这些现象引起了美国精英阶层的注意,他们自上而下发动了一场资源保护运动。当时资源保护运动的参与者主要是社会精英阶层,包括政府官员、科学界和实业界人士,他们大多信奉功利主义资源保护信条。他们认为,对自然资源应该加以科学的管理和聪明的利用,既要保护资源,又要有节制地使用资源。在美国总统西奥多·罗斯福和农业部林业局局长吉福德·平肖等人的努力下,当时资源保护运动取得了一系列成果,包括国家公园和自然保护区的开辟、水利的综合治理以及森林保护和矿业治理等。如美国1872年建立的黄石国家公园是世界上第一个国家公园,从1905年到罗斯福卸任,国有森林面积增加3倍多,达1.5亿英亩,创立野生动物保护区51个。

这一次的资源保护运动开创了联邦政府管理和控制自然资源的先例,标志着美国人已经开始摆脱自由放任的传统思想束缚,逐渐认识到某些自然资源的不可再生性,对促进公众环境意识的觉醒产生了重要影响。

(二)第二次资源保护运动

20世纪30年代,美国出现了严重的经济萧条,自然灾害不断。为摆脱危机,富兰克林·罗斯福总统采取了许多措施来保护美国的自然资源和改善环境,其中最有成效的是对田纳西河流域的综合整治、对美国大平原尘暴重灾区的治理,以及在西部兴修的一系列水利水电工程。富兰克林·罗斯福上任后采取的首要措施是成立民间资源保护队,从事资源保护工作,与此同时,为了科学规划和指导美国的资源保护工作,罗斯福下令调查全国自然资源状况,并推动通过了一系列资源保护立法。第二次资源保护运动的突出成就体现在土地资源保护政策的实施和植树造林工作,其范围和规模远远超过了第一次,政府对资源保护运动干预的力度加强了,资源保护运动的基础被扩展了,资源保护已经不再是少数上层精英的专利,大众环境意识开始萌发。

(三)第三次环境保护运动

第三次环境保护运动较前两次有着更为复杂的历史背景。二战结束后,美国科技进步、经济繁荣,开始步入富足社会,整个社会人口日益中产阶级化。随着教育的普及和文化素养的提高,人们对环境的认识水平也在明显提高,环境的外延在扩大。战后最先意识到环境问题严重性的是生态科学家,为了唤起公众和政府对环境的关注和重视,他们不但积极从事与环保事业相关的社会实践,同时不断发表和出版有关环境问题的文章、报告和著作,其中最为著名的是卡逊《寂静的春天》,被人们称为"美国环境革命的经典之作"。除此之外,1968年出版的《人口爆炸》、1972年出版的《增长的极限》《封闭圈》等都在公众中引起了强烈的反响,引发了人们关于环保问题的争议,从而推动着环保运动的发展。

生态学家对环境污染的警示激发了美国公众的环境意识和危机感,环保运动赢得了越来越多的广大民众的支持。20世纪60年代末,美国公众开始广泛地卷入环保运动的潮流,他们以游行示威、街头抗议和集会演说等形式来表达自己对环境的关注,其中最突出的事件就是声势浩大的"地球日"运动,这是美国环境保护运动的高潮,也是这一阶段重大的成果。

1970年4月22日,在美国各地的街道、大学、河岸、公园、公司和政府机关门口,包括学生、政治家、科学家、大学教授、诗人、普通市民和失业者等在内大约2000万人走上街头,举行声势浩大的游行示威和抗议活动,采用游行、集会、演讲、抗议、植树和清扫垃圾等多种方式来表达自己对环境的关注和不满。这一天后来被定为"世界地球日"。此后,关注环境的已经不仅仅是少数环保主义运动者,更多的是美国普通公众。

在这一时期,一些新的全国性环保组织建立起来,这些环保组织积极地从事环保运动的宣传和推动工作。主要有:1967年成立的环境保护基金会和动物保护基金会,该基金会将法律和科学结合起来作为环保斗争的主要手段;1969年成立的"地球之友"是最早的跨国环保组织之一,其名称的含义为地球即使没有朋友也能做得很好,但是人们想生存,就必须学会做地球的朋友;1970年成立的自然环境保护委员会是一个有效利用法律的环保组织,它为环境运动提供法律武器;1970年成立的保护选举人同盟,其使命是在保持两党友好关系的前提下,赞同并支持组织选举有环境意识的政治家;1971年成立的绿色和平组织,主要目的是阻止太平洋地区的核试验,后来又扩大到保护水生生物和自然界其他生物。

除了新建环保组织外,一些老的环保组织如塞拉俱乐部(1892)、国家公园保护联合会(1919)、野生动物保护者协会等,也在继续发挥着作用。例如,塞拉俱乐部在布劳尔的领导下,其成员在1960—1965年间增加了两倍,在1965—1970年间增加了三倍。

在民间环保运动的推动下,美国政府开始将环境保护作为政府工作的重要内容之一,加大了环境立法和执法力度。美国政府的环境保护工作重心开始转向治理工业污染,特别是空气污染、水污染和化学污染。环保工作主要通过议会立法的形式表现出来。美国国会制定的第一部联邦空气污染控制法是1955年通过的《大气污染控制援助法》,此法于1963年全面修订后更名为《空气污染防治法》,此后又经过多次修改,1970年正式成为《清洁空气法》。关于水污染的全面性联邦立法是1948年通过的《联邦水污染控制法》,1965年修订后更名为《联邦水质法》,此后通过的相关法案有1973年的《安全饮用水法案》和1977年的《清洁水法案》。化学污染控制最典型的立法是1972年通过的《环境杀虫剂控制法》,该法授权环境保护局管理杀虫剂的使用,并控制在国内商业中的杀虫剂销售。在战后美国联邦政府的环境法律体系中,1970年的《国家环境政策法》作为环境保护的一部综合性立法具有划时代的意义,该法体现了联邦政府环境政策的主要理念和价值取向,对后来的美国环境立法具有一般性的指导意义。这一阶段是美国环境立法最为集中的时期,先后制定和通过的环境保护及相关法案数十部,这些法案构成了一个比较完整的环境保护法律体系。

20世纪60—70年代的环保运动对美国社会产生的影响是极其深刻、广泛而深远的,主要表现在以下方面。

第一,它有力推动了联邦政府的环境保护工作,立法和司法明显加强,使得美国的环境质量有了很大的提高,环境污染和水土流失在一定程度上得到了控制。

第二,环保运动对美国的经济也产生了重要的影响,一方面,一些高耗能、高污染的企业因环境治理成本增加或破产或转移国外;另一方面环保政策的实施也促进了新兴产业——环保产业的兴起。环保产业不仅为美国的环保事业做出了巨大贡献,同时也创造了新的就业机会,为经济发展提供了新的增长点。

第三,它使越来越多的美国民众意识到环境退化与环境污染的严重后果,普遍而持久地改变了美国人对人与环境关系的认识,极大地增强了美国民众的环境危机感和环境保护意识。

第四,环境保护运动推动了环境社会学及相关学科的研究和发展。20

世纪70年代以来,美国从小学到大学的研究生院都开设了环境研究课程,相关科研成果不断涌现。不仅如此,环境保护运动还催生了许多与环境相关的新学科,如环境社会学、环境政治学、环境经济学、环境伦理学、环境史学、环境法学等,这些学科从不同的方面对环境问题的研究做出了贡献。

最后,环保运动引起了国际社会对环境问题的高度重视,环境问题全球治理已渐渐形成共识,治理的速度明显加快。

二、公众环境意识的觉醒

美国公众环境保护意识的觉醒及全民环境保护运动的发展也影响和推动了其他西方主要发达国家的环境保护运动,从而揭开了全球环境保护运动的序幕。1972年6月5日,联合国人类环境会议在瑞典斯德哥尔摩召开。这是联合国历史上首次研讨保护人类环境的会议,也是国际社会就环境问题召开的第一次世界性会议,标志着全人类对环境问题的觉醒,是世界环境保护史上的里程碑。

(一)环境意识概念的产生

环境意识作为一种思想和观念,古已有之,但作为一个术语以及这个术语所包含的现代环境意识的内涵却是崭新的。现代环境意识首先倡导于西方,中文译文来自"Environmental Awareness"一词。从国际上看,"环境意识"术语的产生以及它所表示的现代环境意识的内涵大体上出现于20世纪60年代。

1970年,美国总统尼克松曾以"环境素养"为题,在美国环境质量委员会的年度报告中揭示环境素养的重要性。他认为环境问题的解决,需要美国全社会进行改革,以获得新的知识、概念和态度,并认为美国全社会必须对人与其环境的关系发展有新的了解和认识,也就是说要发展环境素养,而环境素养的培养必须依赖教育过程的每个阶段。

1970年,美国新泽西州环境教育委员会制订新泽西州环境教育整体规划,其目的在于采用迅速而有效的方法培养具有环境素养的公民。该计划认为具有环境素养的公民应了解整个环境间的互依关系和责任,并且具有解决现存环境问题及防止将来问题发生的知识和技能。

1977年,联合国教科文组织和联合国环境规划署在苏联的第比利斯召开政府间环境教育会议,认为有环境素养的人具有下列特征:第一,对整体环境的感知与敏感性;第二,对环境问题了解并具有经验;第三,具有价值观及关心环境的情感;第四,具有辨认和解决环境问题的技能;第五,参与各阶层解决环境问题的工作。

联合国将1990年定为环境素养年,在其出版的环境教育通讯《联结》中,以全人类环境素养为题,对环境素养曾作下列描述:全人类环境素养为全人类基本的功能性教育,它提供基础的知识、技能和动机,以配合环境的需要,并有助于可持续发展。

就中国而言,"环境意识"的提法在正式场合的出现,始自1983年召开的第二届全国环境保护会议(见1983年12月3日廖汉生同志在第二次全国环保会议上的书面发言)。

环境意识目前已被国际社会广泛接受。在一些发达国家,环境意识成为一种潮流,逐渐成为人们思想意识的一部分,它不仅要求规范个人的生活方式,还要求规范社区与整个社会的生活方式和经济活动方式。而且,它还日益在国内和国际的政治、经济事务中发挥着重要影响。前者如绿色和平组织已成为欧盟国家中重要的议会势力,后者如由世界贸易组织(WTO)协调的国际贸易活动正受到愈来愈多、愈来愈严格的环境规则的约束。

在我国,"环境意识"一词也在大众传媒中频繁出现,日益受到人们的重视。环境意识所反映的思想观念,也引起学术界的认真研究以及政治家的广泛关注。但是人们对环境意识的概念似乎还没有达成共识,还没有一个公认的定义。环境意识概念的提出,有其历史必然性,这就是人类社会实践的迫切需要。进入20世纪60年代,对于人与环境关系中出现的新问题,人们感到仅靠传统的办法已无能为力,靠某些领域(学科),如技术、经济等单兵作战,已解决不了问题。人类的实践提出要多层次、全方位去解决这些问题,也只有这样才能解决问题。环境意识就是在这种实践的需求下产生的,它是针对现代人与环境的关系所提出的一个综合性、多层次、全方位的概念。

(二)环境意识的内涵

环境意识的产生是人类意识进步的表现,是人类认识的一次伟大觉醒。

余谋昌认为,所谓环境意识,是人与自然环境关系所反映的社会思想、理论、情感、意志、知觉等观念形态的总和,是反映人与自然环境关系和谐发展的一种新的价值观念。[①]

环境意识具体为环保关注、环保思想、环境价值观、环境经济意识、环境科技意识、环境伦理意识等十二个方面,20多年来,人类的环境意识经历了从浅层向深层发展的过程,从它的"限制性"功能向"创造性"功能发展,从限制污染行为向无污染行为的方向发展。

陈飞星等人认为,环境意识的内涵应包括认识意识和参与意识两个部分。第一,认识意识。认识自然,赞美自然,这是环境意识的始端。认识意识主要包括五个方面内容:即科学意识、忧患意识、价值观念、环境道德伦理、环境法治意识。第二,参与意识。参与意识即行为取向。所谓环境意识的行为取向,就是人们在环境认识意识提高的基础上,根据自己的价值判断,产生的对环境保护的使命感、责任感以及自觉的行为习惯[②]。

在环境意识的调查和研究中,研究者还对环境意识进行了层次上的分类。易先良将环境意识分为两部分,即环境心理和环境思想体系[③];1999年全国公众环境意识调查组把环境意识分为环境认知、环境知识水平、环境评价、环境法律意识、环境道德水平和环境行为等层次。

联合国教科文组织和环境规划署1975年主办的贝尔格莱德会议,将环境教育的目标分类按照培养形成过程概括为意识、知识、态度、技能、评价能力和参与等;1977年召开的第比利斯政府间环境教育会议把环境教育的目标确认为意识、知识、态度、技能和参与,表现出明显的层次性。吕君等人参照环境教育的目标分类,把环境意识分为五个层次:第一,感性认识层次,是对环境的直觉反应和认识;第二,知识层次,是对环境及有关问题的各种经验和科学认识;第三,态度层次,指有关环境的价值观念,主动参与环境保护的动机;第四,评价层次,指有关环境及相关问题的评价与参与保护的意向;第五,行为层次,指利用相关技能,参与解决环境问题的行为习惯和有效途径。[④]

此外,由于研究者的学术背景不同,学者们分别从哲学的角度、文化的

①余谋昌. 环境意识与可持续发展[J]. 世界环境, 1995(04):13-16+12.
②陈飞星,徐镔镔,吴班. 环境教育与环境文献[J]. 重庆环境科学,2002(05):25-28.
③易先良. 环境意识与环境教育刍议[J]. 重庆环境保护, 1987(01):41-44.
④吕君,刘丽梅. 环境意识的内涵及其作用[J]. 生态经济, 2006(08):138-141.

角度、价值观的角度、心理学的角度等研究了环境意识的内涵,形成了不同的研究视角。

我们认为,环境意识的内涵主要包括以下内容。

一是环境认知意识,即了解和掌握环境的基础知识,正确认识人与环境的关系,培养环境审美情趣,培养热爱自然的感情。环境意识不可能自发、自动地产生,因此,要大力加强环境教育。环境教育的根本目的就是要培养人们科学的环境意识,从而约束和规范人类自身的行为,促进人类与自然环境的协调发展,最终实现人类社会可持续发展。

二是环境道德意识。环境道德意识是环境道德原则、规范等的内化。《世界自然宪章》对环境道德原则概括如下:要尊重自然,不损害必需的自然过程;不能危及地球上的遗传能力;所有形式的生命,不管是野生的还是驯化的,其种群水平必须足以维持其发展。为此目的,要保护必需的生态环境;对地球上的任何区域包括陆地和海洋,都要遵从这些保护原则,特别要保护那些独特的区域,保护各种生态系统类型的代表性样地,并保护珍稀濒危物种的生态环境;生态系统和生物以及土地、海洋和人类利用的大气资源,都要得到认真管理,以获取和维持最大的持续生产力,但不能以这种方式对那些与之共存的其他生态系统或物种的完整性构成危险;要保证不因战争或其他敌对行为而引起自然的退化。

环境道德意识是人们在没有任何外界压力或诱惑力的影响下,形成的一种自觉心理或潜意识,其行为意识和行为习惯自觉地维护生存环境。环境道德或环境伦理应坚持两个基本要求:第一,所有的人享有生存环境不受污染和破坏,从而能够过健康和安全的生活权利,并且承担有不损害子孙后代能满足其生存需要的责任;第二,自然界是有价值的,因而地球上的所有生物物种都有生存和发展的权利,人类承担有保护生态环境的责任。环境道德不仅是解决环境问题的一种最省投资的办法,而且也是环境意识的最高境界,是生态文明在环境保护、环境恢复和环境建设方面最集中的体现。

三是环境法律意识。人们对环境的权利、义务和责任的法律意识,是人们在保护环境方面的知法、守法、执法以及法律监督,在思想认识和实际行为上的统一和体现。它要求人们自觉了解国家的环境法律、法规和条例,既要运用法律手段维护自己的环境权利,又要履行法律所规定的责任、义务；既要自身守法，又要监督单位或他人守法，坚决同违法现象作斗争。法律是国家制定和执行的行为规范，具有强制性，人必须遵守，任何人不得违反。因此，法律具有特殊的重要作用。通过法律的约束可以加速克服传统习惯和塑造新的道德的过程。因此，对于环境道德尚未成为人们普遍的行为准则的现代来说，加强法制建设便显得尤为重要，是环境保护得以健康发展的根本保证。

四是环境危机意识。环境危机意识就是对污染危害、生态破坏的一种警觉，环境危机教育在环境意识教育中占有重要地位，可以使人们产生紧迫感、责任感，促使人们由被动地、消极地变为主动地、积极地投身到保护环境的工作中去。

五是环境行为意识。提高公众环境意识的最终目的是使人们养成与环境和谐相处的行为模式。这就决定了环境意识应包括实践性和参与性的内涵，即人们除了掌握环境科学知识以外，还必须在具体的环境中，面对真实的环境问题，通过多种多样的实际行为获得技能、情感等多方面的经验和体验，达到认识、情感与行为的统一，在知识、技能、道德方面协调发展。环境意识的形成不仅依赖于实践，而且只有在实践中才能表现出来，如果没有参与过与协调环境关系有关的活动，那么热爱环境、保护环境只能是一句空话。提高全民族环境认识意识是鼓励公众参与环保行动的基础，而公众参与环保的程度又是衡量全民族环境认识意识的重要标志。

总之，环境意识是一个集合性的概念，它是多层次、全方位反映人与环境关系的内容体系。

第七章 环境问题的社会应对

第一节 全球应对气候变暖

联合国政府间气候变化专门委员会(IPCC)于2021年8月发布的第六次评估报告(简称"AR6"),首次肯定地说明了人类活动导致气候变暖的结论是明确的。该报告认为人类仍然可以阻止地球变得更热。这需要各国在仅存的窗口期内通力合作。报告发布后两周内得到195个国家政府的审议和批准,建立了普遍而强大的全球共识。《巴黎协定》是目前国际社会应对气候变化唯一具有广泛共识的共同行动纲领和指南。2021年11月召开的第26届联合国气候变化大会(COP26),就《巴黎协定》实施细则等核心问题达成了共识,促进了《巴黎协定》全面、平衡和有效实施,尤其是中美达成《关于在21世纪20年代强化气候行动的格拉斯哥联合宣言》,开启了国际社会全面应对气候变化的新征程。

应对全球气候变化,须牢固树立"共同体"意识,构建"人与自然生命共同体"和"人类命运共同体",秉持共商、共建、共享原则,推动各国权利平等、机会平等、规则平等,构建公平合理、合作共赢的全球气候治理体系。实现碳达峰、碳中和,率先走出一条生态环境保护和经济发展相互促进、相得益彰,人与自然和谐共生的中国式现代化新道路,不仅是着力解决我国资源环境约束的突出问题,实现中华民族永续发展的必然选择,也是我国秉持人类命运共同体理念,积极参与全球气候治理,彰显我国负责任大国形象,以中国智慧为应对全球气候危机及破解全球气候治理困境贡献力量。

一、当前全球气候治理存在的困境

全球气候变暖、极端天气频发及其带来的自然灾害和生态威胁是共同性的,而不同国家、城市和人群适应气候变化和应对极端天气的态度、战略、目标、能力、行动以及所需付出的成本及相应的收益或避免的损失等却是差异化的。因此,这一挑战或深层次矛盾的背后是利益冲突,全球气候治理的关键或重点在于协调不同国家之间、不同主体(政府、企业、社会公众)之间的利益,以协作治理共同应对气候变化的挑战,而协作治理则需要界定全球气候变暖的责任,解决风险分担与利益分配的错位,减缓及适应全球气候变暖的意愿、能力与行动的"扭曲",以及调适不当的应对心态等。

第一,全球气候变化是一个历史累积的过程。人类进入工业文明以来,创造了巨大的物质财富,也加速了对自然资源的攫取和消耗,导致全球气候变暖。但工业文明所创造的巨大物质财富分配、全球气候变暖及频发的极端天气所造成的生态破坏代价的分担并不均衡,主要体现在发达国家与发展中国家之间。从历史的角度来看,占据"巨大物质财富"的发达国家应该对"全球气候变暖"负责。欧美发达国家在20世纪80至90年代已实现碳达峰。当然,发达国家碳达峰都是在人均GDP超过2万美元城市化完成(城市化率达到80%)、工业化完成(服务业占比达到70%,制造业尤其是高能耗高排放的"双高"产业转移)、能源结构升级(以油气核等优质清洁能源以及风光等新能源为主)、人口减少以及在产业经济、新能源与节能、环保等方面的综合技术优势作用下自然完成的。而发展中国家,比如中国城镇化率刚刚超过60%,人均GDP刚刚超过一万美元,服务业占比也刚刚过半,并且承接了大量从发达国家转移出来的"双高"产业。要在继续推进快速城镇化和工业化的同时实现低碳目标或实施减排战略,无疑将是一场硬仗。

第二,全球气候变暖的风险分担与利益分配"错位"。不仅是不同国家之间,比如内陆国家与沿海及岛屿国家、南北半球国家,即使在同一个国家的不同地区、不同城市,城乡之间以及不同人群之间都存在着不均衡。整体而言,全球气候变暖、极端天气事件频发等及其所导致的全球生态环境问题给人类生存和发展带来严峻挑战,但是不排除从局部或当前看是有益的,比如北半球中纬度地区因生长季延长而提高农业收成,因冰川融化、水量增加导致绿洲在短期内面积扩大等。而海平面上升对于一些岛屿或沿海国家和地区来说,可能是"灭顶之灾"。

第三,不同国家、地区或城市减缓及适应全球气候变暖,以及应对极端天气事件的成本分担上不平等。实现全球减排目标代价高昂,更为关键的是,这一代价如何分担? 一方面,不同国家、地区或城市所处发展阶段、经济实力和技术水平不同,实现碳达峰、碳中和的路径各异,减缓及适应全球气候变暖、应对极端天气的成本相差悬殊;另一方面,在不同人群之间的分配及分担也不平等,即使在发达国家,绿色转型的负担也大多落在了工薪阶层身上。在过去10年里,德国能源转型下的电价上升,对于低收入家庭来讲,"负担"加重;法国提高燃油税本意是降低碳排放,但对于居住在生活成本较低的郊区和农村地区的人影响很大,进而导致2018年底爆发"黄马甲"抗议运动。

第四,人们对待全球气候变暖心态各异:"狼来了"的故事——听多了就不再当回事了;鬼故事——即使不相信有鬼的人,也喜欢鬼故事带来的刺激与惊悚;好莱坞故事——似乎在看大片,以娱乐心态对待气候变暖,"看热闹不怕事大"。此外,对于频繁发生但极具不确定性的极端天气事件,仍有不少人抱有侥幸心理。

二、以"共同体"理念为破解全球气候治理之困提供新思路

全球气候变化等非传统安全威胁持续蔓延,成为全球面临的共同挑战,任何一国都无法置身事外、独善其身。全球气候治理关乎人类未来,应对气候变化,保护好人类赖以生存的地球家园,需要世界各国同舟共济、共同努力。习近平主席提出共同构建"人与自然生命共同体""人类命运共同体",明确了"共商应对气候变化挑战之策,共谋人与自然和谐共生之道"。以"六个坚持"为核心要义,以人与自然和谐共生之道破解全球气候治理之困,满足了应对全球性挑战的现实需要,顺应了全球治理体系变革的内在要求,彰显了同舟共济、权责共担的命运共同体意识,体现了中国作为全球治理体系的参与者、贡献者和引领者的信心与决心,为完善全球治理体系变革提供了新思路新方案[1]。

第一,坚持人与自然和谐共生,这一理念是全球气候治理的价值引领。工业革命以来,人类活动导致了当前的气候危机,打破了地球生态系统平衡。自然是人类赖以生存发展的基本条件,人与自然是生命共同体。处理好人与自然的关系,是破解人与自然深层次矛盾的根本所在,是人类能否

---

[1]习近平. 共同构建人与自然生命共同体[N]. 人民日报,2021-04-23(002).

在21世纪实现可持续发展的时代性命题。以"人与自然和谐共生"为全球气候治理的哲学思想和价值引领,就是强调人类应尊重自然、顺应自然、保护自然,推动形成人与自然和谐共生新格局。

第二,坚持绿色发展,为破解"发展与保护"难题提供新思路。①保护生态环境就是保护生产力,改善生态环境就是发展生产力。社会经济发展不仅要摒弃西方国家历史上"先污染后治理、先发展后环保"等损害甚至破坏生态环境的传统发展方式,还要通过生态产品的价值实现,将生态优势转换成社会经济发展优势,更要抓住绿色转型带来的巨大发展机遇,以科技和政策为驱动,促进经济、能源、产业结构转型升级,让良好的生态环境成为全球经济社会可持续发展的基础与支撑。

第三,坚持系统治理,增强生态系统的整体功能与系统平衡。山水林田湖草沙冰是一个相互依存、联系紧密的自然系统,是人类健康生存与永续发展的物质基础。人与自然是一个生命共同体,生态系统是一个整体。要想改变传统的头痛医头、脚痛医脚的分割式、碎片化保护和治理生态环境,就要从构建人与自然生命共同体的高度,按照生态系统规律,统筹自然生态各要素,进行系统治理。

第四,坚持以人为本,良好的生态环境是最普惠的民生福祉。一方面,良好的生态环境涵盖清洁的空气、干净的水源、安全的食品、宜居的环境,关系着人民群众最基本的生存权和发展权,具有较强的公共性,应为全人类共享;另一方面,每个人也应成为生态环境的保护者、建设者,增强节约意识、环保意识、生态意识,推动形成节约适度、绿色低碳、文明健康的生活方式,形成全人类共同参与的行动体系与良好风尚。

第五,坚持多边主义,积极参与全球气候治理,推动构建人类命运共同体。单边主义和保护主义只能加剧全球气候治理的"信任赤字",使全球气候治理进程陷入停滞和困境,更会让世界错失应对气候危机的最后窗口。世界各国要本着相互尊重、平等相待、互学互鉴、共同发展,强调在"强化自身行动+深化伙伴关系"的基础上,积极开展应对全球气候变化的政策对话和绿色发展的多边合作。

第六,坚持共同但有区别的责任原则,是全球气候治理和生态文明建

---

①魏胜强. 新发展理念视域下的生态补偿制度研究[J]. 扬州大学学报(人文社会科学版),2022,26(01):50-65.

设的基石。一方面,发展中国家面临抗击疫情、发展经济、应对气候变化等多重挑战,国际社会要充分肯定发展中国家应对气候变化所做的贡献,照顾其特殊困难和关切;另一方面,发达经济体不仅应展现更大雄心和行动,在减排行动力度上做出表率,还应为发展中国家提供资金、技术、能力建设等方面的支持,切实帮助发展中国家提高其应对气候变化的能力和韧性,帮助发展中国家加速绿色低碳转型。

基于"人与自然生命共同体"和"人类命运共同体"理念的"六个坚持",使科学自然观、绿色发展观、基本民生观、整体系统观、严密法治观、全球共赢观构成了一个紧密联系、有机统一的思想体系,深化了对经济社会发展规律和自然生态规律的认识,可作为构建公平合理、合作共赢的全球环境治理体系的根本遵循。

三、全球气候治理现状及中国行动

当前,国际社会合作应对气候变化、加快推进全球气候治理呈现积极势头。截至2021年1月,已有127个国家承诺在21世纪中叶实现碳中和。其中,英国、瑞典、法国、新西兰等还将碳中和写入法律。目前,全球已有54个国家的碳排放实现达峰,占全球碳排放总量的40%。2020年排名前15位的碳排放国家中,美国、俄罗斯、日本、巴西、印度尼西亚、德国、加拿大、韩国、英国和法国已实现碳达峰。还有一些国家如不丹、苏里南等已实现碳中和。然而,在全球气候治理格局中,发达国家与发展中国家两大阵营仍存在以遏制全球气候变化为主题的国际"博弈",不仅直接影响广大发展中国家的现代化进程,而且直接强化或激起发达国家在全球资本再分配的角逐,以及"绿色新政""绿色经济"和"绿色增长"等国际话语权的争夺。

应对气候变化是全人类的共同利益,是国际道义制高点。作为第一人口大国、第二大经济体、最大温室气体排放国以及联合国安理会常任理事国,中国发挥了与这一地位相适应的作用,实施积极应对全球气候变化的国家战略,强力推进中国绿色发展。而且,中国不仅是最大的发展中国家,还与发达国家阵营保持有对等位置、较好的交流和沟通关系,与各国一道推动落实《联合国气候变化框架公约》及其《巴黎协定》,推进全球气候治理新进程,建立公平合理、合作共赢的全球气候治理体系,共同构建人与自然生命共同体。

第一,将中国制度优势转变为气候治理效能。相对于发达国家的自然达峰不同,中国在高质量发展中促进经济社会全面绿色转型来实现碳达峰。中国积极参加制定并履行国际应对气候变化的相关规定,将碳达峰、碳中和纳入生态文明建设整体布局,实现中国经济社会的系统性变革。在我国政治制度优势及其强大的引领作用下,以新发展理念为引领,以碳达峰、碳中和为导向,协同推进高质量发展、高品质生活、高水平保护,在推动高质量发展中促进经济社会发展全面绿色转型,为全球应对气候变化做出更大贡献。借鉴发达国家碳达峰经验的基础上,中国应能够将制度优势转变为治理效能,走出一条时间效率和经济效率更优、质量更高的碳减排路径。

第二,做好广大发展中国家应对气候变化的战略依托。努力实现减少贫困、经济增长,保护环境和应对气候变化的平衡,这不仅是中国面临的挑战,也是许多发展中国家需要解决的共同难题。中国通过"一带一路""金砖国家""上合组织"等多边合作机制,加强与发展中国家在应对全球气候变化方面的交流与沟通,支持发展中国家特别是最不发达国家、内陆发展中国家、小岛屿发展中国家应对气候变化挑战。中国不仅通过基础设施建设支持发展中国家能源供给向高效、清洁、多元化方向发展,还将进一步推进发展中国家在气候适应型农业、生态工业、低碳智慧型城区等领域的国际合作,提高其气候治理意识、实践水平、融资能力。

第三,坚持公平、共同但有区别的责任、各自能力原则,深化与欧美发达国家气候治理的战略合作。既要明确应对气候变化是全人类的共同事业,不应该成为地缘政治的筹码、攻击他国的靶子、贸易壁垒的借口,又要督促发达国家或经济体在碳减排行动和力度上发挥表率作用,兑现其气候资金出资承诺,为发展中国家应对气候变化提供充足的技术、能力建设等方面支持。2020年,中美欧温室气体排放量占世界50%以上,因而中美欧气候治理合作对于全球气候和能源安全具有重大影响。然而,三方在应对全球气候变化上表现各异。减少温室气体排放的政策往往是长期性的,需要连贯性和稳定性。欧盟积极支持气候倡议,并制定了雄心勃勃的减排目标,低碳技术也是全球领先;中国正以坚定决心和有效行动积极主动应对气候变化;而美国则是不止一次重复"开—关"模式,严重干扰国际减排进程。当前全球气候治理中,中美欧之间存在着既相互竞争又合作的复杂关系。拜登政府改变了特朗普时期的政策以期重新领导世界应对气候变化,并试图与所谓"共同价值理念的民主盟友"通过制定严格的投资与财政补贴标准等恢复其在全球环境议题上的领导地位。此外,美欧之间在气候治理规则、方式和进程上有着诸多矛盾,而且美欧也都力图将与中国在气候领域的竞争和合作作为其内政外交的筹码,进而在中国与美欧之间存在开展对话、合作、博弈的空间、机会与条件。尤其是中国拥有新能源的领先技术、发达制造业和雄厚资金,不仅能满足国内能源革命的巨大需求(这一巨大需求又能反过来不断促进新能源技术进步和产业的高质量发展),还能更好地助力包括发达国家在内的全球气候治理和新能源革命。美国国务卿布林肯曾指出,美国在电池板、风力涡轮机、电池等可再生能源方面已落后于中国,如果我们不能领导可再生能源革命,难以想象美国能赢得与中国的长期战略竞争。这里,也不妨借用外交部发言人华春莹的话:中国的目标从来不是超越美国,而是不断超越自我,成为更好的中国。

气候被视为是下一个争夺全球主导权的核心。尽管中国无意与谁争夺全球主导权,也应明确认识到伴随国际影响和国际地位变化,中国所承担的国际环境权利、责任和义务的变化,应采取积极主动应对战略,在与欧美发达国家合作上,既强化各自行动,也要在《联合国气候变化框架公约》和《巴黎协定》等多边进程中开展合作。建设绿色家园是各国人民的共同梦想,应对气候变化,维护能源资源安全,是全球面临的共同挑战。应以人与自然和谐共生之道,破解全球气候治理之困。"人心齐,泰山移。"应对好全球气候变化这一挑战,需要世界各国心往一处想、劲往一处使,互学互鉴、互利共赢,打造全球气候治理新格局,共同构建公平合理、合作共赢的全球气候治理体系。

第二节 中国应对环境问题的举措

中国的生态环境治理现代化不是对原有生态环境管理模式的修修补补,而是对生态环境治理理念、制度、技术、方法等的革命性重构。对于如何推进生态环境治理现代化,学者提出的对策集中在以下方面。

一、创新生态环境治理理念

生态环境治理现代化首先是治理理念的现代化,具有中国特色、科学的生态环境治理理念。首先,在指导思想方面,要以马克思主义生态观特别是习近平生态文明建设思想为指导。习近平生态文明建设思想体现了深厚的中华传统智慧的滋养、马克思主义生态观的新发展和世界生态哲学的中国化,是中国生态现代化建设的指导思想。其次,在价值取向方面,要以人民对美好生活的向往为根本出发点,以"生态惠民、生态利民、生态为民"为基本落脚点,突出社会主义核心价值观在生态环境治理方面的引领功能,彰显生态安全、生态民主、生态公正的价值意蕴。再次,在治理思维方面,制度思维为推进我国生态文明建设、提高国家生态治理能力提供了强大思想引领,要将制度思维和制度意识贯穿于生态环境治理过程中。最后,在视野境界方面,要树立生态环境治理的全球观,筑牢人与自然和谐的人类命运共同体意识,为全球生态环境治理提供中国智慧。

二、构建生态环境治理制度体系

生态环境治理制度体系是生态环境治理体系现代化的核心,它通过国家权力规定的方式为生态治理行动设定基本的权力关系和权力体制。从内容上说,生态环境治理制度体系由四个部分组成。一是政策制度体系。包括财政和税收政策、生态补偿政策、金融政策、自然资源产权政策、排污权交易政策等。通过政策制度激励各主体做好策略选择,调控好自己的行为。二是法律制度体系。确定各类法律间的位阶关系,加强法律制度间的配套衔接,按照系统治理要求编织好法律制度之网。同时,探索"人员交叉执法机制"以避免地方保护主义,力求法律执行无盲区和死角。三是监督考核和评价体系。数量主导型的考评、无差异化的考评是误导党政干部生态环境行政行为的重要原因。要落实"党政同责、一岗双责、终身追责"制度,将生态环境指标纳入各级党政考核体系并加大权重;推动形成"1项核心责任+3个督查层面+1个重要载体+8种压力"传导机制的环保督察体系,保证生态治理责任链条不断裂。四是文化理念体系。营造崇尚制度的氛围,把生态文明保护相关法律法规纳入普法宣传教育重点内容,实现"意识的革新"到"人的革新"的转变,让关爱自然和环境成为公民的素养和习惯。

三、重塑多元参与主体角色

扮演战略规划者和主体责任人角色的政府应重塑自我,抓好"限权""放权"和"分权"。治理绝非意味着政府的隐退,一个强有力的政府恰恰是保障治理有效性的基础性条件。改变政府"层层加码"和"简单分包"的生态环境管理方式,摆脱主—从关系式的生态环境管理结构,实现行政手段和市场化、民主化手段的融合①。增强政府制度供给的精准性,推动多种资源和多元利益的整合,形成生态环境治理的思想合力和行动合力。作为环境污染主要责任者和生态环境治理主力军的企业应主动承担起绿色发展和生态保护的社会责任,推动企业生产的绿色化转向。依据生态尺度标准合理调整生产模式和产品质量标准,在防止成本外化的同时降低内部交易成本,增大企业绿色生产的溢出效应。扮演生态环境治理践行者、监督者、宣教者等重要角色的社会组织应赋能释能。通过制度化职责赋予,拓展社会组织的活动空间和参与场域,增强社会组织的责任感和效能感,形成"政府强、社会强"的生态环境治理结构。作为生态环境治理利益相关者和实践者的居民应实现"经济人"向"生态人"的身份转换,确立居民的生态环境治理主体意识,形成居民对生态决策和环保活动的理性认知和参与自觉,共筑诗意栖居的人类家园。

四、发挥大数据技术引擎作用

大数据技术有机嵌入生态环境治理过程,引起了治理观念的改变、治理模式的再造和运行链条的重建,推动了决策科学化、监管精准化和信息共享化。它使环境领域的决策建立在客观证据的基础上,而不是让强烈的主观情感来操纵,同时,有利于消除权力监管缝隙,并推动环境治理的动态化,是生态环境治理现代化的重要引擎。

大数据技术引擎作用的发挥,包括环环相扣的三个方面:一是搜集全国生态分布、环境污染、生态环境治理法律和政策等方面的信息,搭建生态环境信息实时共享平台和数据库,推进政府、社会组织、企业和居民之间的信息互通,规避"数据保护主义"和"数字壁垒"带来的治理盲区;二是

---

① 刘建伟,许晴. 中国生态环境治理现代化研究:问题与展望[J]. 电子科技大学学报(社科版),2021,23(05):33-41.

运用大数据挖掘技术筛选、聚合和优化相关资源,建立用数据决策和管理的体制,创建数字化生态环境治理模式;三是利用数字化监测体系精准研判生态风险,形成生态环境全过程监控的动态预测—反馈机制。目前,中国生态环境部已经颁布《生态环境大数据建设总体方案》,提出充分运用大数据、云计算等现代信息技术手段,全面提高生态环境保护综合决策、监管治理和公共服务水平,加快转变环境管理方式和工作方式。这为中国的生态环境治理智能化、现代化提供了政策支撑。需要注意的是,大数据能实现精准预测,引发整个社会对智慧预测的极力推崇。但结果预判,很可能消减或剥夺社会主体自由探索的机会并引发一系列问题。我们要形成对生态数据资源功能的正确认知和理性分析,维护国家安全、信息安全并恪守技术伦理,警惕"唯数据主义"带来的算法不正义、大数据不正义,防止被数据技术工具价值所绑架而迷失理性,避免"数据迷信"导致的治理失范行为发生。

第三节 环境行为的社会约束

一、强化环境治理公众参与

公众参与是环境治理过程中一个重要的原则。环境治理公众参与是公民环境权的具体体现,是我国生态文明建设的基础动力和实现环境治理目标的根本力量,在环境社会治理中发挥重要的作用。

(一)明确环境治理公众参与内容

1.保障公众的环境知情权

公众参与以公众知情权为前提,公众作为环境权利主体,有获取真实、完整的环境信息资料的权利。公众只有掌握了准确及时的环境信息,才能较好地参与环境决策和环境监督。保障公众环境知情权:一是建立健全环境信息公开制度。我国应扩大环境知情权的主体范围,除了法定的例外范围,环境信息应当向全社会公开,这样才符合公开的真实本意。二是拓宽公众获取环境信息的渠道。政府除了利用媒体、召开新闻发布会等传统方式向社会公布环境信息以外,还应提高环境管理系统化、科学化、法治化、精细化和信息化水平,加大生态环境大数据建设力度,分门别类建立环境信息系统,及时公布环境信息;同时,各地应根据实际情况,采取灵活多样的环境信息公开方式,如建立"环境监测开放日"制度,让公众了解环境信息。据有关资料显示,山东省早在2013年就建立了"环境监测开放日"制度,省、市环境监测部门每月定期向社会公众开放。通过展示、互动等方式,普及环境知识,让公众直观了解或参与环境监测分析、环境质量控制、环境信息发布等主要环节,零距离接触监测仪器设备,体验环境监控的全过程。

2.规范公众参与环境决策

公众参与环境决策是发挥公众在生态环境保护和维护自身合法环境权益的最重要、最核心的手段。公众参与环境决策,不仅仅是某个具体重点建设工程项目的环境影响评价参与,也包括参与环境立法和环境政策的制定;不仅是环境决策中的参与,更应注重环境决策前和决策后的参与,使公众参与贯穿于环境决策的全过程。公众参与环境决策应确立协商民主的原则。以重点建设工程环境影响评价的公众参与为例,为保证公众参与环境决策在协商民主下顺利进行,首先,应当放宽公众参与的主体条件,参与主体不局限于公民、法人和其他组织,还应该包括其他利益相关者,同时不仅仅局限于政府遴选,而应发挥服务型政府的优势,鼓励公众献言献策。对于参与环境决策的主体应进一步细化解释,避免含糊不清而造成冲突。其次,公众参与环境决策应注重参与过程的说理性和辩论性。在以往很多地方公众参与中,通过座谈会、论证会等形式召开的环境民主决策都只是"走过场",公众在此期间没有参与辩论、说理,只是被动地接受。为改变这一状况,既需要政府企业加大宣传力度采取激励机制,借鉴国外先进做法,主动提供参与条件,又需要公众提高自身素质,积极融入决策。最后,及时全面反馈公众参与的信息,完善信息反馈内容、审查评估、改变部分决策的程序,在决策主体和参与者之间通过循环式地不断协商,最终形成具有信服力和认同感的最佳方案。

(二)加大环境治理公众监督的力度

党的十九大报告指出,要构建党统一指挥、全面覆盖、权威高效的监督体系,把党内监督同国家机关监督、司法监督、群众监督、舆论监督贯通起来,增强监督合力。可见,公众监督是我国监督体系的重要组成部分。环境治理公众监督是公众及其代表依据宪法和相关环境法律法规,对政府和企事业单位的环境治理运行情况实施监督的活动。环境治理公众监督是我国环境治理中成本最低、最为活跃、最为有效的环保监督力量,也是环境社会治理的有效方法。我国环境治理公众监督制度主要包括环境举报制度、环境信访制度和媒体监督制度等。

1.建立环境举报制度

在我国,"举报"一词首次以规范性法律用语出现在法律中,是1996年修改的《刑事诉讼法》,后来相继出现在其他部门法律中。环境举报是公民或者单位依法行使其民主权力,就环境问题向有关机关或组织进行检举和控告的行为。环境举报是实现环境保护公众参与的重要内容,是遏制环境领域滋生腐败现象的重要手段,也是提升法律监督效率的重要方法,在环境保护中能减少环境污染突发事件发生。

目前,我国环境举报的方式多种多样,根据举报中是否使用真实姓名分为实名举报和匿名举报,根据举报信息传递的载体不同分为信函举报、当面举报、电话举报和网络举报。电话举报为全国统一的环保举报电话"12369",网络举报包括"12369环保举报微信公众号""12369网络举报平台"和"环保部门官方微博"等。随着我国科技的发展和互联网的普及。"12369网络举报平台""全国环境污染在线投诉平台"等"互联网+举报""互联网+监督"在我国环境举报中得到了广泛应用。以"全国环境污染在线投诉平台"为例,2018年1至6月,环境污染投诉网共接到举报1337件,其中,投诉数量较多的省份分别为广东、河南、江苏等省。通过对投诉数量较多的省份进行分析,其中,对大气污染的投诉数量最多,占49.8%;对水污染的投诉数量次之,占21.3%;其次是对噪声污染的投诉,占10.3%,各投诉类型占有不同的比例。为提高公众举报的积极性,环保部门接到举报线索后,在一定期限内应尽快调查核实,举报线索经调查属实的,对违法行为做出处罚或责令整改,并根据不同情况,确定对举报人予以奖励。以河北省为例,2018年6月实施的《河北省环境保护厅环境污染举报奖励办法》规定,可举报环境违法行为增至20种,根据不同的举报内容确定了三个不同环境污染举报奖励等级,奖励举报最高金额升至5万元。

2.完善环境信访制度

环境信访制度是我国解决公众利益诉求的一项重要制度,也是环境问题社会治理的一种重要手段。随着我国社会经济快速发展,群众环境意识、维权意识不断增强,生态环保领域的信访量增长迅速,从2012年来信2400多件、来访400多批(次)1000多人(次),增加到2016年来信4800多件、来访1400多批(次)2700多人(次)。我国环境信访制度在减少环境矛盾纠纷和维护社会稳定方面发挥了重要作用。但是,由于环境信访制度还存在一些制约因素,影响了其功能的正常发挥。因此,我国环境信访制度必须提高其法律地位,明确环境信访工作机构的职权,强化环境信访工作机构的机制建设,促进环境信访制度法制化,发挥环境信访制度在畅通公众环境利益诉求和预防和解决环境矛盾纠纷方面的作用。

(1)制定《环境信访法》,提高法律位阶

由于2006年颁布的《环境信访办法》是部门规章,法律位阶低,存在诸多问题。因此,我国必须加快出台《环境信访法》。在《环境信访法》中应该明确环境信访立法的根本目的,规范环境信访活动,完善环境信访制度、保障公众能通过合法有效的环境信访渠道参与环境治理,获得权利救济等。同时,在《环境信访法》中应规范环境信访程序,明确设立环境信访受理、办理、回复、督察、回访和反馈等一系列处理程序,并规定环境信访工作机构的受理期限,以提高工作效率,完善环境信访工作责任追究机制。明确环境信访工作机构的权利义务范围,杜绝相互推诿的现象,提高环境信访问题的解决力度。确立环境信访公开原则,规定环境信访公开的内容、时间、程序、场所等,从而让环境信访工作公开透明,实现阳光信访,更好地取信于民。

(2)完善环境信访制度的机构设置

将各级生态环境行政主管部门确立为专门的环境信访工作机构,在上下级环境信访工作机构之间设立联动机构,还可以设立跨区域环境信访机构。地方各级环保部门既可以建立综合性的“环境矛盾纠纷调处中心”,也可以设立常设性信访联席会议制度,定期召开环保相关部门参加的联席会议,集中研究、协调、处理环境相关问题。加强环境信访工作人员和机构的能力建设,明确信访工作人员的条件,建立培训和交流制度,提高信访工作人员的业务能力。

(3)明确环境信访工作机构的职权范围

根据《信访条例》的规定,我国现行信访工作机构具有调查权、建议权和报告权。除此之外,我国还应该赋予环境信访机构公开调查结论权和调解权,强化信访机构的监督职能,促进环境矛盾纠纷及时得到解决。同时,在我国环境信访立法中也应明确规定下列事项不予以受理:对已经上访的问题并且在规定时限内得到了书面答复的;对法院正在审理的案件以及经法院审理作出判决的案件;对需要技术性审理或其他情况的案件,信访部门无法调解,在书面说明理由后,不予受理。

3.强化媒体舆论监督制度

舆论监督是人民群众通过新闻媒体对国家和社会事务进行监督评议的重要途径。做好舆论监督是人民群众的愿望,也是党和政府改进工作的手段,更是新闻工作的重要职责[①]。新闻媒体需要利用自身优势,发挥舆论宣传教育功能、导向功能和监督功能,成为推动解决环境保护深层次问题的重要力量。以媒体舆论监督功能为例,媒体舆论监督就是运用新闻报道形式,通过在新闻媒体上曝光的途径,对整个社会的一些社会问题进行监督。据有关资料显示,从2014年开始,浙江卫视设立常态化"曝光台"——《今日聚焦》,对省域内污染环境问题进行报道,截至2018年9月17日,涉及环境问题监督报道在该节目已经播出了430期。而在浙江全省,已开办近70档监督类电视新闻栏目,与纸质媒体、网络媒体等共同形成了以解决问题为最终导向的建设性舆论监督规模效应和良好氛围。这些栏目,也成为社会上受欢迎、有影响力的节目。

二、建立健全环保公益组织和环保行业协会

环保公益组织和环保协会是环境治理的重要社会力量,是环境群体性事件社会治理的重要主体。相比其他形式的公众参与,环保公益组织和环保协会具有诸多优势,如拥有更加丰富的专业知识和环境信息,掌握更高的科技手段等。充分发挥环保公益组织和环保协会在生态文明建设中的作用,不仅可以提高环境保护公众参与意识,而且会督促政府和企业环境责任的落实,减少环境问题和环境群体性事件的发生。

(一)建立健全环保公益组织

环保公益组织在倡导公众参与环保提高公众的环保意识、参与环保决

①章楚加.环境治理中的人大监督:规范构造、实践现状及完善方向[J].环境保护,2020,48(Z2):32-36.

策、开展社会监督、维护公众环境权益方面发挥了重要作用。

建立健全我国环保公益组织,充分发挥其在环境和环境群体性事件社会治理中的作用,首先环保公益组织必须加强自身建设扩大影响力。环保公益组织应尽快在民政部门注册,取得合法身份,充分发挥在环境宣传教育、环境社会调查、环境社会监督等方面的作用,扩大环保公益组织的影响力,积极参与环境影响评价座谈会、听证会,及时与政府部门沟通解决环境矛盾纠纷,防治环境群体性事件的发生。其次,政府部门应加强对环保公益组织的指导。政府应建立与环保公益组织在环境治理方面良好的合作关系,针对不同类型的环保公益组织开展分类指导,制定培育扶持环保公益组织发展的战略规划,将环保公益组织明确为重点培育和优先发展的社会组织,把环保公益组织的健康发展纳入对各级环保部门的考核之中。最后,多措并举培育环保公益组织。各级政府应制定符合实际的环保公益组织扶持政策,明确环保公益组织的地位、作用,规范其参与环境治理的范围和程序;定期组织培训,提升环保公益组织人员的专业素养和能力;建立激励机制,对在环境宣传教育环境监督等方面做出突出贡献的给予物质奖励和精神奖励;同时,政府应设置专项资金,提供一定的设备和场所,为环保公益组织的正常运转提供保障,解决他们的后顾之忧;环保公益组织也可以通过自身专长获得一定的收入,壮大环保公益组织,实现环保公益组织发展的良性循环。

(二)充分发挥环保行业协会的作用

行业协会是个人、单个组织为达到某种目标,通过签署协议,自愿组成团体或组织,具有非政府性、自治性和中介性等特征。环保协会不同于一般的社会组织,是社会发展的必然,在政府和社会之间发挥重要的桥梁和纽带作用。目前,我国的环保协会主要有中国环保协会、中国环保产业协会、中国化工环保协会等多种形式的环保协会。环保协会在环境治理中的作用主要有:一是作为政府与企业之间的桥梁,向政府传达企业的共同要求,同时协助政府制定和实施环境保护发展规划、产业政策、行政法规和有关法律,起到环保沟通作用;二是制定并执行行规行约和各类环保标准,协调环保行业企业之间的经营行为,用行规行约和环保标准约束企业的排污行为,从源头上防治环境群体性事件发生;三是对环保行业产品和服务质量、竞争手段、经营作风进行严格监督,维护行业信誉,鼓励公平竞争,打击违法、违规行为;四是受政府委托开展对本行业国内外发展情况的基础调查,研究本行业面临的问题,提出建议、出版刊物,供企业和政府参考;五是积极开展环保信息服务、教育与培训服务、咨询服务、举办展览、组织会议等活动,发挥环保协会在环境治理中的作用。

三、完善环境污染第三方治理

第三方治理是通过"购买服务"的方式,引入社会力量投入环境污染治理,减少环境矛盾纠纷的目的,是环境群体性事件社会治理的有效方法。虽然我国自推行第三方治理以来,取得了一定成绩,但是我国第三方治理还处在探索阶段,存在诸多不足,影响到环境污染第三方治理的健康发展。因此,我国必须加强第三方治理立法,明确排污主体与治理主体的权责,引入市场竞争机制,强化政府监管,不断完善我国第三方治理机制。

(一)加强环境污染第三方治理立法

目前,我国推行第三方治理举步维艰,一个重要原因是其法律依据不足,因此,我国加快第三方治理立法迫在眉睫。一是在《环境保护法》中明确规定第三方治理的法律地位,明确表述支持公民法人和其他组织向第三方企业购买专业化环保服务。二是进一步完善国务院办公厅颁布的《关于加快推行环境污染第三方治理的意见》的内容,统一第三方治理单位的准入条件和治污标准等,避免全国各地出现第三方治理混乱局面。三是立法中明确排污主体与治理主体的权责。责任界定不明晰是环境污染第三方治理推行中所遇到的关键性障碍之一。因此,在立法中应明确排污者和第三方治理单位都是环境责任主体,环境责任应根据双方的合作方式具体的环境违法行为来进行具体的界定。法律法规中也应明确规定,没有按要求进行治污的企业,政府应推行强制模式进行第三方治理,第三方治理的费用全部由排污者承担。如果经过第三方治理后依旧有不达标的现象,环境责任可以根据第三方治理的运作模式不同而区别对待:在"委托治理服务"模式下,应由排污企业承担主要责任,第三方治理单位承担次要责任;在"托管治理服务"模式下则相反,即由第三方治理单位承担主要责任,排污企业承担次要责任。这样不仅有利于建立一个更加公平有序的第三方治理市场,也有利于调动企业排污治污的积极性。

（二）第三方治理引入市场竞争机制

针对当前第三方治理单位门槛过低的现实,为避免鱼龙混杂和无序竞争导致虚假治污、治污效果不达标等情况的出现,要通过立法重新设计第三方治理单位的市场准入条件与标准,包括对其资质、技术、经济状况和信用状况等方面进行审查,保证其运营成本与利润维持在合理水平内,促进环境服务市场良性发展。在第三方治理单位的选择上,应充分体现排污企业的意愿,充分发挥市场的决定性作用,行政权力不干预或少干预。同时,建立健全第三方治理的评价机制。环保部门应吸引企业、社会组织和公众对第三方治理单位的技术水平和治污能力进行评价,建立环境服务档案和信誉等级制度,明确信誉等级与购买服务相挂钩。第三方治理引入市场竞争机制,增强了排污企业和第三方治理单位的环境责任,减少了环境污染事件和环境群体性事件的发生。

（三）强化环境污染第三方治理的监管

强化环境污染第三方治理的监管,是减少环境污染和环境监管成本的重要途径。一是建立健全第三方治理的监管机构。借鉴美国第三方治理的经验,美国是世界上最早推行环境污染第三方治理的国家,为给环境污染第三方治理提供组织保障,美国成立了相关的推进机构,包括联邦政府至各州的环境保护机构以及环境服务委员会,后者负责监督、管理环境保护机构和第三方治理机构。我国可在环保部门中设置专门的第三方治理的监管机构,配备适当的人员和经费,负责第三方治理工作的开展。二是明确第三方治理的监管内容。我国应建立统一的第三方治理标准,在治理标准中明确特定污染物的种类、排污总量、治理措施和治理期限等内容,各地环保部门可依据标准进行监管;同时政府可制定统一的环境服务价格标准,防止第三方治理单位为了竞争,恶意降低环境服务价格,出现资金短缺、排污不达标、偷排漏排等现象,保障第三方治理健康发展。三是加快推进第三方治理信息公开。政府应构建第三方治理信息平台,鼓励第三方治理单位在平台公开相关污染治理信息,强化第三方治理信息共享;建立健全环境举报、投诉和惩处机制,加强对环境污染第三方治理的监管。

第八章 生态文明建设的实现路径

第一节 技术创新

党的十九大报告提出:加快生态文明体制改革,建立健全绿色低碳循环发展的经济体系,构建市场导向的绿色技术创新体系;实施创新驱动发展战略,以城市群为主体构建大中小城市和小城镇协调发展的城镇格局。党的十九届六中全会指出:党中央以前所未有的力度抓生态文明建设,美丽中国建设迈出重大步伐,我国生态环境保护发生历史性、转折性、全局性变化。2022年3月5日,国务院总理李克强在《政府工作报告》中强调:稳步推进城市群、都市圈建设,促进大中小城市和小城镇协调发展。所谓城市群是有一个以上大都市,依托便捷的交通条件与周边城市的经济联系越来越密切,逐步发展成为功能互补的具有一体化趋势的城市共同体。2021年末,中国常住人口城镇化率达到64.72%,城市群和都市圈承载能力不断增强。据初步预算,到2030年我国新增2亿城镇人口的80%也将分布在城市群区域,其中京津冀、长三角、粤港澳大湾区及成渝地区双城经济圈的人口规模将达到6亿人,有望贡献我国GDP增长的75%及城市人口增长的50%。这意味着随着城市人口和产业规模不断扩大,城市群将成为全国资源能源集中消耗、污染排放高度集中之地,承担着节能减排、降碳固碳的重要责任。

城市群绿色低碳创新发展直接关系到我国生态文明建设、高质量发展、建设社会主义现代化强国等目标的实现。城市群因多个城市在空间上相邻、产业上关联、创新上互动、市场上互补,能形成规模经济效应和集群经济效应。[①]城市群作为人口、技术创新、产业、资本等资源要素的高度集聚地,是引领全国创新能力增强、带动全国经济效益提升、支撑全国高质

[①]彭蕾. 习近平生态文明思想理论与实践研究[D]. 西安:西安理工大学,2020.

量发展的重要载体。面向"十四五"乃至更长时期,城市群所需的资源、能源、供应以及碳排放规模将持续扩大,构建绿色低碳技术创新体系,提升城市群的减碳、脱碳、固碳能力,将成为推动城市群实现经济发展与碳排放脱钩,推进生态文明建设、实现"双碳"目标的关键抓手。在这一背景下,面对现代城市群建设与发展,理论界如何破解经济、文化、社会、生态等诸多领域发展的不平衡不充分问题? 如何践行"绿水青山就是金山银山"的发展理念?

一、城市群绿色低碳技术创新体系的内涵阐释与战略意义

绿色低碳技术创新已成为推动全球新一轮工业革命、能源革命和加快新科技竞争的重要领域。面向低碳绿色发展的科技创新能力提升及其创新体系构建,在很大程度上决定了我国能否加快经济发展方式转变、实现绿色低碳崛起与高质量发展。伴随我国城镇化进程提速、绿色低碳循环发展经济体系的建立健全,城市群的绿色低碳技术创新体系建设成为推进生态文明建设、构建新发展格局、推动绿色高质量发展的关键支撑。下面将阐释什么是绿色低碳技术创新体系,其内在运行机理是什么,具有什么重要意义。

(一)城市群绿色低碳技术创新体系研究综述与内涵阐释

立足新发展阶段,具体落实到城市群层面,就是要进一步发挥城市群创新资源集聚优势,加快构建面向绿色低碳的技术创新网络,强化绿色低碳技术创新在构建新发展格局、推动高质量发展中的引擎作用和战略地位。绿色技术是指能减少污染、降低能耗、改善生态的技术体系。绿色低碳技术有利于减少碳排放和环境污染,提高经济质量和生态效益,是推进生态文明建设与绿色低碳发展、实现人与自然和谐共生的新技术、新工艺、新方法等的总称。区别一般性的技术创新体系,新时代的城市群绿色低碳技术创新体系,是指面向整个城市群的生态文明建设,推动城市群内大学、科研机构、企业、各级政府、中介组织、社会公众等各类主体共同参与所形成的绿色低碳技术创新共同体。城市群绿色低碳技术创新体系不仅仅局限于生态环保领域的具体技术创新,更多的是加强资源集约利用绿色低碳发展的所有技术、制度、文化、管理等的全面创新,是推进生态文明

建设、实现绿色低碳发展与碳达峰碳中和目标的核心动力和关键引擎①。

(二)城市群绿色低碳技术创新体系的运行机理

城市群绿色低碳技术创新体系是涉及多个城市及其相关利益主体共同参与绿色低碳技术创新的复杂巨系统。城市群绿色低碳技术创新体系的构建,主要是以推进城市群的生态文明建设、节能减排、低碳转型、绿色高质量发展为基本方向和重要目标,参与主体涉及多个大中小城市的各级政府、企业、大学与研究机构、社会组织、跨城市产业联盟、各类中介服务机构等。

从参与主体和运行机理看,在整个城市群绿色低碳技术创新体系中,城市群内各级政府以及跨行政区域的管理机构进行合作,制定低碳创新计划,完善绿色基础设施建设,为绿色低碳技术创新、低碳产业发展、低碳产品生产、低碳能源开发等制定政策,优化资源配置;大学和研究机构从事低碳的知识生产、科技创新、基础理论、前沿科学等研究;企业开展低碳的自主创新技术集成;过程优化、成果试制以及循环利用等;各类中介服务机构、产业联盟等为产业孵化、协同创新、推广应用、产业监管等提供必要的配套服务;在行业协会、产业联盟、中介机构、城市政府部门以及跨区域管理机构等的共同作用下,通过绿色低碳技术的创新协同,形成低碳的能源结构、产业体系、清洁生产、绿色应用等,进而推进城市群的生态环境治理、生态文明建设与绿色低碳的高质量发展。

从功能运行来看,城市群绿色低碳技术创新体系发挥城市群技术、人才、资本、信息产业等资源要素集聚的综合优势,在加快绿色低碳领域的关键性技术突破、降低能耗和碳排放强度、构建现代化经济体系等方面发挥创新引擎作用,在构建绿色低碳产业链、保障产业链供应链安全、释放绿色消费潜力、畅通绿色经济循环等方面发挥战略支撑功能。一是绿色低碳的创新集聚功能。城市群作为国家的重要经济载体和跨区域尺度的空间存在,依托城市群内部的技术基础、创新基础、绿色低碳产业基础以及强大的消费市场,形成"绿色需求牵引绿色供给创造新的绿色需求"的动态平衡,进而创新引领和辐射带动整个城市群乃至全国的产业、能源、消费等绿色转型与结构升级,推动绿色低碳经济体系建设与经济良性循环。

①郇庆治. 论习近平生态文明思想的马克思主义生态学基础[J]. 武汉大学学报(哲学社会科学版),2022,75(04):18-26.

二是绿色低碳的创新协同功能。城市群有利于发挥创新资源集聚优势,吸引各类人才、资本、技术的集聚,推动创新协同、产业合作、市场分工,拓展跨区域创新合作,以"总部—分园"或者"研发在城市转化在周边"的协同创新模式,形成城市群高水平的绿色低碳创新链产业链,培育超大规模的绿色消费市场。三是绿色低碳的创新治理功能。城市群通过面向清洁生产、绿色应用、环境治理等的技术创新与协同治理,打破行政、区域、市场等各种壁垒,推动城市群跨区域、跨流域的生态环境技术创新,推动整个城市群的生态环境修复治理,提高城市群生态环境质量和绿色低碳发展水平。

(三)城市群绿色低碳技术创新体系的战略意义

应对全球气候变暖、推进生态文明建设,加快城市群的绿色低碳发展成为世界各国面临的共同使命。城市群有利于构建双循环新发展格局,通过创新驱动推动高质量发展。深入推进生态文明建设,关键在于坚持创新发展、绿色低碳发展的两方面结合。加快城市群绿色低碳技术创新体系建设,是推进绿色低碳科技发展、掌握低碳科技竞争制高点、推进生态文明建设的迫切需要,具有重要的战略意义。

一是加快低碳转型升级与城市群高质量发展的迫切要求。构建城市群绿色低碳技术创新体系,更加强调践行"绿水青山就是金山银山"的发展理念,有利于从深层次上破解资源能源瓶颈、环境污染等难题,加快绿色低碳转型升级与经济高质量发展。一方面,依靠绿色低碳的技术创新推进产业转型升级,提高资源能源利用效率,降低污染物排放强度,培育新的比较优势和绿色低碳的竞争优势;另一方面,加强绿色低碳领域的关键技术突破,提升企业自主创新能力和竞争力,降低关键领域和重点行业的对外技术依存度,推动经济社会向绿色低碳方向转型。通过绿色低碳技术创新、应用转移等战略合作,为经济高质量发展提供基础,有利于加强经济发展方式转变,抢占低碳经济的"早班车",赢得未来经济竞争与绿色低碳发展的重要话语权。

二是构建生态宜居城市群与增进民生福祉的关键战略。环境就是民生,构建城市群绿色低碳技术创新体系,就要以更加重视生态环境建设作为最大的民生福祉,更加重视绿色低碳发展与创新驱动。以绿色低碳技术创新破解经济增长与环境污染的两难困境,提升生态产品供给能力,增强民生的生态福祉,让良好生态环境成为群众生活质量提升、民生改善的增长点和支撑点。

三是破解城市病难题与建设美丽城市群的重要支撑。城市群作为人口和产业的主要承载空间,其绿色低碳发展水平直接代表中国的形象,需要在生态文明建设中占领主导性的战略地位,展现中国特色现代城市群的国际绿色低碳形象,抢占低碳话语权。我们不能复制老牌西方国家城市的以高能耗、高污染、高排放为代价的发展道路和模式,而要走低碳的、绿色的、发展循环经济的道路。构建城市群绿色低碳技术创新体系,以生态文明建设为契机,以绿色低碳发展为基本方向,以绿色低碳技术创新为动力,改变传统城市摊大饼、高能耗、高污染、高排放的粗放发展模式,加快构建现代美丽城市群、都市圈,助推碳达峰、碳中和目标实现,既彰显中国精神和中国力量,又能在国际上提升中国特色现代美丽城市群的知名度与影响力。

二、城市群绿色低碳技术创新体系构建的主要问题

党和国家历来高度重视科技创新体系建设,科技创新发展迅速,特别是从党的十八大以来,我国实施创新驱动发展战略,加快创新型国家建设,基本形成政府、企业科研院所与高校、技术服务机构等多主体协同的科技创新体系,科技投入不断增长,激励创新政策不断完善,整体科技创新力和竞争力不断提升。为加快推进创新型国家建设,全面落实《国家中长期科学和技术发展规划纲要(2006—2020年)》,2012年9月,中共中央、国务院出台《关于深化科技体制改革加快国家创新体系建设的意见》,提出加快建立企业为主体、市场为导向、产学研用紧密结合的技术创新体系。2017年10月,党的十九大报告明确提出构建市场导向的绿色技术创新体系。2019年,国家发展改革委、科技部联合发布《关于构建市场导向的绿色技术创新体系的指导意见》,提出加快构建企业为主体、产学研深度融合、基础设施和服务体系完备、资源配置高效、成果转化顺畅的绿色技术创新体系。随后多地纷纷出台《关于加快构建市场导向的绿色技术创新体系的若干措施》,加快推动绿色技术创新体系的构建与具体实施。城市群作为国家经济社会发展的重要空间载体,国家明确提出增强中心城市和城市群等经济发展优势区域的经济活力,从完善政策、建立体制机制、

推动产学研合作等入手,构建绿色低碳技术创新体系成为整合城市群创新资源、推动城市群绿色低碳高质量发展的重要方向。未来城市群将成为我国区域经济发展中最具有活力、产业集聚的地区,同样成为能源消耗和排放气体最为集中的区域,将带来较为严重的生态环境问题。总体来看,基于创新主体的多元性,城市群绿色低碳技术创新体系构建还存在着一些深层次的问题,主要表现在以下几个方面。

(一)企业层面:创新主体地位缺失,自主创新体系尚未形成

企业面向市场需求、面向经济发展的第一线,是创新的核心主体,在绿色低碳领域更是如此。但不少企业常年来习惯于代加工生产,习惯于短平快项目,忽视技术积累、技术创新,自主创新意识不强、动力不足,必然影响到整个绿色低碳技术创新能力建设。一是企业绿色低碳技术创新的主体地位缺失。我国不少城市群比如京津冀城市群,以企业为主的自主创新体系尚未形成,科技创新市场化程度不高。一些企业改革创新滞后,未能与大学或研究机构合作共建绿色技术中心,企业节能减排、绿色低碳发展的创新机制不够完善,难以发挥创新引领与主体支撑作用。二是企业绿色低碳技术创新的意识不强,主动性差。城市群绿色低碳技术创新体系的构建是依托绿色低碳技术创新实现经济效益、生态环保效益、社会效应等的高度融合与共赢发展,将绿色低碳指标纳入整个经济社会运行体系。由于企业缺乏创新意识和绿色低碳意识,也缺乏足够的创新政策激励,一般企业进行绿色低碳技术创新、低碳化生产制造的积极性不高。三是企业绿色低碳技术创新能力弱,核心技术缺乏。城市群发展中缺乏龙头型的绿色低碳企业引领,一般企业的绿色低碳技术创新能力不足,关键性绿色低碳技术缺乏,产学研互动机制不完善。以京津冀城市群为例,中关村尽管作为全国科技创新的引领者,但具有自主知识产权的核心技术数量较少,与世界前沿相比存在较大的差距,"硬科技"少、"软技术"多;颠覆性技术少、一般性技术多;原创性技术少、商业模式应用性技术多,在绿色低碳技术创新领域中的上述现象就更加突出。四是企业绿色低碳技术创新投入少,高科技人才缺乏。不少企业只管生产,不重视研发,关于绿色低碳技术等领域的研发投入少,机制不完善,对政府、社会资本等资源整合不够,资金筹措困难。

（二）政府层面：技术创新投入不足，创新体制机制不够完善

各级政府在鼓励绿色低碳技术创新等方面的政策不够完善，政策联动性不强，政策执行乏力，创新投入不足，鼓励绿色低碳创新的科技体制机制缺失，这些都严重制约了城市群绿色低碳技术创新体系的构建。一是创新体制障碍突出。我国不少城市群尽管大学科研院所、企业研发中心等不少，但缺乏紧密的合作与联系，同质化竞争严重，有的管理部门在其中未能发挥很好的引导和组织作用，围绕绿色低碳科技领域的创新体制机制不够完善，知识产权保护制度不够规范，难以形成有效推进自主创新、公平竞争、讲究诚信、合作共享的良好环境。二是绿色低碳技术创新投入少，资源分配不均。绿色低碳技术创新需要大量的资金投入，政府管理部门缺乏支持绿色低碳技术创新的专项计划和基金扶持。以京津冀地区为例，该城市群的科技创新资源分布极不均衡，空间布局有待优化。从北京市来看，绿色科技资源主要集中在中心城区，而发展新区的绿色科技创新资源相对较弱。从对经济的带动作用来看，也是中心城区的科技产业发达，经济活跃，而发展新区科技力量薄弱，发展严重滞后，导致空间发展不够均衡。三是我国关于绿色低碳技术创新的相关政策供给不足，政策体系不完善，如关于绿色低碳技术创新的相关优惠政策、低碳产业促进政策、低碳消费政策、低碳产品推广政策、低碳产品采购政策等存在一定的缺陷。有关绿色低碳技术创新的知识产权保护制度不够完善，技术垄断、不正当竞争、模仿制造、假冒伪劣产品、知识产权的侵害等现象频发，严重制约了绿色低碳技术创新的积极性和主动性。

（三）大学和科研院所层面：绿色低碳知识创新不足，存在"卡脖子"技术瓶颈

绿色低碳技术创新不仅仅是技术层面的创新，更重要的是需要加强绿色低碳领域的基础理论、基础科学的知识积累和重大创新。我国绿色低碳领域的关键性技术亟待突破，还存在许多被"卡脖子"的技术短板和瓶颈。以清洁能源技术为例，全球议程理事会于2015年确定15项具备高潜力发展价值的短期和中期清洁能源技术，其中大部分核心技术仍掌握在美国、欧盟、日本和韩国等发达经济体中。

尽管我国在绿色低碳、新能源等领域实现了许多重大技术突破，但光伏电池、太阳能光热发电锂离子电池隔膜和地热能发电等核心技术装备在

很大程度上仍依赖国外进口,在增强型地热示范技术、碳捕获和封存技术等领域的部分关键技术还存在不少短板。大学、科研院所、研发型科技企业等创新主体在承担绿色低碳领域的基础研究、知识创新、关键技术突破方面责任重大、任务艰巨。这主要表现为以下方面。

一是低碳知识创新人才少,能力弱。经过几十年的发展,我国拥有的科技队伍不断强大,但高水平的科技带头人少,面向绿色低碳领域的科技人才则更少,在低碳科技、低碳基础理论研究、低碳知识创新等方面的能力薄弱,严重制约了绿色低碳技术创新进程。

二是大学和科研院所从事低碳知识生产、低碳科技创新的项目和成果少。许多大学和科研院所对科研人员的考核重视短平快的项目,重视论文生产,导致对低碳知识等基础领域研究的动力不足,缺乏持续性、长久性、战略性的研究支撑。

三是大学与企业联系不够紧密,产学研严重脱节。以京津冀城市群为例,北京作为全国科技创新中心,与天津、河北两地的科技联系不够密切,技术输出呈现出跳跃京津冀到长三角、珠三角进行转化,流向津冀地区的技术相对不足,京津冀尚未形成产学研密切协作的创新型网络。根据2021年全国技术交易合同数据显示:从输出技术看,北京项目数、成交额均最高,分别为93563项、7005.65亿元,其中技术交易额为5347.82亿元,天津其次,河北最少。从吸纳技术看,北京项目数和成交额亦最高,分别为71405项、3439.06亿元,其中技术交易额为2706.37亿元,河北其次,天津最少。从输出和流向技术比较看,北京和天津均属于技术输出型城市,而河北属于技术吸纳型城市。但是从数量上看,天津、河北对北京的技术吸纳能力比较差,间接反映了三地的科技创新联系尚不够密切。以中关村国家自主创新示范区为例,中关村尽管周边聚集了大量的科研院所,但这种优势的边际效益正呈现递减趋势,院所科技人员积极性不高,成果转化应用渠道不畅通。中关村科学城范围内已成立和正在组建的新型研发机构有全球健康药物研发中心、量子信息科学研究院、大数据研究院、石墨烯研究院、中国科技大学研究院、协同创新研究院等不到10家,没有专门的绿色低碳技术创新机构或研究院,也缺乏针对绿色低碳领域的政策支持,产学研发生脱节,中关村在京津冀城市群生态修复、污染防控、绿色低碳发展等的创新引擎作用不够突出。

（四）中介服务机构层面：服务机制存在短板，技术创新服务能力薄弱

中介服务机构是城市群绿色低碳技术创新体系的重要服务主体和组织载体，但部分服务的缺失将导致绿色低碳技术创新活动停滞或延缓，阻碍创新过程的持续推进。第一，中介服务机构发展滞后，相关体制机制不够完善。京津冀地区科技中介服务机构的作用还没有得到有效发挥，完善的科技中介服务体系仍没有建立起来。在创新体系建设过程中，中介服务机构主要联系的是政府、科研机构，离不开这些部门的项目委托，但是真正面向市场、面向社会、实现自我造血功能的中介服务机构还不多。第二，高层次的服务人才缺失，面向绿色低碳技术创新的各类人才资源不足。对于绿色低碳技术创新的中介服务要求更高，中介服务人员的知识储备、技术积累、服务意识、服务水平等均影响绿色低碳技术创新体系的建设与完善，影响创新能力及其成果转化质量。第三，中介服务机构缺乏足够的资金保障。中介服务机构在资金筹措、资金使用投资等方面缺乏可持续发展能力，资金不足，在绿色低碳创新链中出现"缺位""缺环""断裂"等问题。第四，服务体系不够完善。以中关村为例，中关村科技金融专业化服务需要提升。目前，中关村从事科技保险、科技担保、知识产权质押服务等科技金融与科技普及的服务企业，尚未纳入《国家重点支持的高新技术领域》和高技术服务范畴，缺少相应的政策支持。在人才引进与服务方面，相关机构作用没有充分发挥，针对绿色低碳、生态环保等新兴技术领域的人才积累少，人才引进、培训、服务等组织和机构相对匮乏。

（五）社会公众层面：创新参与意识不强，绿色低碳消费理念缺失

意识是行动的先导。在观念上没有树立绿色低碳意识，其他创新系统的实施也就无从谈起。一方面，缺乏创新意识，导致安于现状知足常乐被奉为美德。我国自主创新能力不足，在科技与知识方面过多强调以市场换技术，拥有自主知识的科技较少，核心技术缺乏导致被"卡脖子"。另一方面，破解环境污染与经济发展难题，缺乏更强的绿色低碳意识，缺乏面向低碳的创新理念。社会公众在参与绿色低碳技术创新和低碳消费中没有发挥重要的市场引导作用。按理说，社会公众应该倾向于绿色低碳产品、绿色低碳消费，对绿色低碳技术创新应该持支持、鼓励的态度，但许多公众基于对价格偏好，对劣质、廉价、高碳的产品缺乏抵制，导致许多有机绿

色产品难以销售,缺乏市场竞争力,公众低碳意识不强,难以形成绿色低碳消费信号引导绿色低碳产品生产,进而制约了绿色低碳技术创新能力提升。

三、生态文明视域下城市群绿色低碳技术创新体系的构建路径

城市群绿色低碳技术创新体系不应仅仅停留在理念或概念中,应结合生态文明建设、低碳发展、创新驱动战略、实现碳达峰、碳中和目标等重大国家战略要求,针对城市群绿色低碳技术创新体系建设过程中存在的诸多问题,应从企业政府科研院所中介机构、社会公众等多主体入手,采取有效的构建路径。

(一)夯实企业创新主体地位,提升绿色低碳技术创新能力

国家提出构建市场导向的绿色技术创新体系,就是要充分尊重市场规律,发挥市场主体作用,夯实企业的创新主体地位。企业应体现绿色低碳技术创新的社会责任担当,响应低碳发展战略部署,构建绿色低碳创新型企业形象。一是企业要改变传统的代加工或低端发展模式,重视以技术创新寻求更高的价值链环节和竞争能力,加快绿色低碳技术创新,增加绿色低碳领域的研发投入,提高绿色低碳技术创新能力。二是加快绿色低碳技术人才的培养。建立面向企业发展的绿色低碳技术人才激励、引进、培育机制,调动企业技术人才的创新积极性,完善企业在人才使用流动、竞争和评价等方面的有效机制。三是鼓励企业加强绿色低碳技术引进、消化、吸收再创新。鼓励企业,特别是中小企业与外资企业等加强绿色低碳技术合作,充分学习和消化发达国家或者外资企业在绿色低碳技术领域的成功经验。四是加快构建市场导向的绿色低碳技术创新体系。鼓励更多企业参与国家科技计划,加强对企业包括中小企业绿色低碳领域的技术创新支持,支持企业建立和完善面向绿色低碳领域的技术研发新机构,建立企业绿色低碳技术中心和产业化平台,形成一批有特色的绿色低碳技术创新企业集群。五是强化企业环境责任,主动承担绿色低碳技术创新的重任。企业应加强自身环境责任的培养和提升,发挥环境责任对绿色技术创新的内在调节动力。企业要更新理念,强化绿色低碳技术创新意识,积极参与绿色低碳技术创新,增强履行环境责任的意识,提升企业绿色低碳形象。

(二)完善绿色低碳创新政策,实施绿色低碳技术创新计划

创新政策是引导和激励绿色低碳技术创新的重要动力与导向。政府方面要积极营造绿色低碳技术创新的外部环境,加大政策约束与激励力度,发挥创新政策引导作用,加快实施绿色低碳技术创新工程,形成鼓励低碳科技创新的良好政策环境。一是制订并实施绿色低碳技术创新计划,设立绿色低碳科技基础研究项目。重视绿色低碳科技的基础研究和战略高技术研究,提高低碳科技的自主创新能力,加强低碳科技的原始创新和自主创新,建立低碳科技自主创新的专项基金和政策扶持计划。实施低碳科技创新工程,消化吸收一批先进绿色低碳技术,攻克一批事关国家战略利益的关键绿色低碳技术,研制一批具有自主知识产权的重大低碳科技装备和绿色低碳技术关键产品。增加对绿色低碳技术领域的研发经费投入,鼓励企业与科研院所合作创新。二是布局绿色低碳科技园区和产业集群,加快绿色低碳科技成果转化。优化绿色低碳技术创新产业政策,绿色低碳的科技产业均具有高精尖特征,应该大力鼓励和规划布局城市群更多的绿色低碳科技园区,加快低碳产业培育和集群发展,促进各类低碳科技成果孵化与产业化应用,打造战略性新兴低碳产业体系。三是深化科研体制改革,完善绿色低碳科技创新的激励政策。改革是提升我国企业自主创新能力和企业研发水平的关键,也仍是当前我国经济发展和企业转型的主要方向。持续深化科研体制机制改革,营造绿色低碳技术创新的政策环境;制定优先支持低碳产业技术人才发展的财政金融政策;完善绿色低碳技术人才引导资金、发展资金种子基金、创业投资和银行信贷等人才发展创新投融资体系。完善绿色低碳技术创新的财政制度、税收制度、金融制度等的相关政策激励制度,为节能减排、低碳发展的企业构建利益转化的市场激励制度,进而助推低碳产业的高质量发展。

(三)强化绿色低碳基础研究,激发绿色低碳科技创新动力

积极发挥大学、科研院所在绿色低碳领域的知识生产供给作用,高度重视绿色低碳科技的基础研究和应用研究,优化和提升科研院所的功能,创新科研管理体制机制,激活绿色低碳科技创新的动力。一是设立绿色低碳科技专项经费,完善绿色低碳科技创新体制机制,促进绿色低碳基础研究。实施绿色低碳科技重大专项,统筹推进绿色低碳领域的关键共性技术、前沿引领技术、现代工程技术创新。建立绿色低碳的知识生产、基础

研究、成果评价、成果转化等机制,鼓励大学、科研院所与企业等合作创新,促进绿色低碳科技成果转化与产业化应用,特别是在光伏发、电风力发电、生物质能、地热能等新能源领域加快技术突破,降低新能源成本。随着绿色低碳技术特别是新能源技术的创新与进步,提高光伏、风电等产品的使用寿命和转化效率,绿色低碳技术将成为城市群绿色低碳高质量发展、"双碳"目标实现的重要引擎和关键支撑。二是利用城市群创新要素集聚的便利条件,重视新能源技术转化与应用,推动产学研协同,利用城市群及周边大量的闲置屋顶、广场、荒山、荒坡、废弃矿山石场、道路边坡等,大面积安装光伏、风电等发电站,构建以低碳新能源为主体的城市群新型能源结构。三是构建城市群绿色低碳科学共同体。大学和科研院所作为知识创新的重要主体,在面向重大绿色低碳科技创新方面,鼓励和引导高校、科研院所到相对落后的周边中小城镇建立研究分院、技术孵化中心,构建绿色低碳科学共同体,帮扶相对落后地区加快绿色低碳科技创新,推动传统产业的转型升级,培育绿色低碳产业,推动城市群生态环境改善与绿色低碳发展。

(四)培育中介服务机构,优化绿色低碳技术创新服务

中介服务机构是城市群绿色低碳技术创新体系建设中不可或缺的重要组成部分。加快构建城市群绿色低碳技术创新体系,要培育与绿色低碳技术创新相关的社会组织和中介服务机构,优化绿色低碳技术创新服务。一是从服务内容考察,完善绿色低碳技术创新服务,要注重优化三大环节:加快优化绿色低碳技术创新的信息咨询服务,加快优化绿色低碳技术创新创业孵化服务和完善低碳科技投融资服务。二是从服务转型考察,完善绿色低碳技术创新服务要注重三个转变:从低增值服务向高增值服务转变,从综合性服务向品牌化服务转变,从单项服务向服务链转变。三是从服务体制考察,完善绿色低碳技术创新服务要注重四大特性:从自身经营管理上,更加体现独立性;从中介服务功能上,更加体现多样性;从服务能力上,更加体现专业性;从行业准则上,更加体现规范性。

(五)鼓励公众创新参与,提升绿色低碳市场消费活力

社会公众是城市群绿色低碳技术创新体系的重要力量和强大社会基础。社会公众既是绿色低碳技术创新产品的消费者、使用者、评价者、监督者,也是绿色低碳技术创新过程的参与者和需求者,还是生活消费中污染减排的贡献者、绿色低碳消费市场的引导者。一是提升公众绿色低碳科技素养和创新意识。围绕生态文明建设、绿色低碳科技创新等目标,鼓励社会公众参与,提升绿色低碳发展意识、创新精神,实施全民绿色低碳科学素质行动计划。二是加强创新人才教育与低碳技术培训。加强绿色低碳科技创新专业人才教育、培训,举办各类绿色低碳发展、技术创新相关的职业培训班或技能培训课程,提升广大社会公众的绿色低碳技术创新能力和水平。三是鼓励社会公众参与创新过程。让社会公众在"政府—企业—科研院所—公众"的绿色低碳技术创新链中体现参与的重要价值,为绿色低碳技术创新提供更有价值的消费需求和创新创意信息。四是提升社会公众的绿色低碳消费意识。倡导在消费过程中转变生活方式,构建绿色低碳消费模式,主动购买和选择绿色低碳产品,以绿色低碳消费提升市场活力,鼓励企业生产绿色低碳产品,形成良好的绿色低碳消费信号,引导绿色低碳市场发展,培育和形成绿色低碳消费市场新格局。倡导社会公众重视新领域消费,转向绿色低碳能源消费,尽可能选择绿色出行、低碳交通,鼓励开发和使用绿色低碳技术,拓展新的低碳消费新领域、新市场,引导和鼓励绿色低碳技术创新和低碳产品生产,助推新发展阶段城市群的生态文明建设与绿色低碳高质量发展。

第二节 制度创新

历史上相当长的一段时间里,生态环境问题一直未得到应有的重视,生态问题日积月累,最终演变成生态危机。现如今推进生态文明建设不是简单地从污染治理入手,而是从改变人的行为模式出发,通过改变经济和社会发展模式,使社会生产、消费、制度和观念发生根本变化。我国生态文明制度在生成路径上多是自下而上由问题入手,"头疼灸头,脚痛灸脚",虽然短期内也会取得一定的治理成效,但往往又会衍生出新的问题。因此,生态文明制度建设要有前瞻性、系统性、长远性,制度建设不可能一蹴而就,只能在实践中不断积累和完善。

一、政治上:发挥中国特色社会主义生态文明制度建设的优越性

(一)中国特色社会主义是生态文明制度建设的社会制度基础

生态问题不仅仅是一个技术能解决的问题、一个生态理性的问题,更多的是一种社会和政治问题,这也决定了想要彻底解决问题要从制度根源上入手。资本主义制度下资本追求利润最大化的内在动机破坏了人与自然之间物质变换的平衡性,发达资本主义国家的"环境殖民主义"也阻碍了人类迈向生态文明的步伐。只有社会主义制度才能彻底解决生态环境问题,因为社会主义制度下生产条件的公有制和满足消费的计划性,将使人类第一次作为整体面对自然界。中国作为社会主义国家,拥有这一最基本的社会制度条件,这也是我们开展一切生态文明制度建设的制度基础。社会生态文明制度建设涉及社会主义现代化过程方方面面的具体实践,必须要在生态文明视域下全面推进中国特色社会主义政治建设,经济建设,社会建设和文化建设的生态化改革,促进"五位一体"和谐发展。

从整体上讲,建设中国特色社会主义生态文明制度,要充分发挥中国特色社会主义政治制度、经济制度、文化制度和社会制度上的优越性。在政治制度上,坚持党的领导,人民当家作主和依法治国的有机统一,发挥社会主义集中力量办大事的优势。党中央审时度势,通过制定一系列法律法规、规章制度不断发展和完善生态文明制度建设的顶层设计,带领全国人民走上生态文明体制改革之路。在经济制度上,发挥公有制的优势,通过发展和完善生态补偿制度和生态环境损害赔偿制度促进社会公平正义,注重代际公平和代内公平两个公平,增强民众在生态建设上的获得感。在文化制度上,发挥社会主义核心价值观的引领作用。通过广泛的宣传引导,不断增强公众遵守生态文明建设规章制度的规则意识。在社会制度上,发挥以改善民生为重点的制度优势,融入生态文明制度建设。护好绿水青山是打赢脱贫攻坚的基础,实现群众增收与环境改善互促互进,需要完善基层生态文明制度建设,避免先污染后治理的发展模式。总之,我们要在生态文明制度建设的实践中真正发挥社会主义制度的优越性,在实践中不断证明中国特色社会主义的强大生命力。

(二)美丽中国梦的引领与推动作用

中国共产党在十八次全国代表大会上提出"美丽中国",在党的十八届

五中全会上,"美丽中国"被纳入"十三五"规划。中国作为后起之秀,面临着双重责任,一方面要继续推进经济社会现代化,另一方面也要克服现代化的生态危机,实现现代化的生态转型和中华民族的永续发展。美丽中国是实现中国梦的生态基础,是中国特色社会主义的理想和奋斗目标,在党的领导下充分发挥理想信念对于凝聚全国人民力量和智慧的作用,践行美丽中国梦,依靠制度解决生态问题已经成为必然。因此,在美丽中国梦的引领作用下,要将生态制度贯穿于构建生态农业、生态工业、生态城市、生态旅游以及综合生态产业等方方面面的建设中,尤其是要在社会层面形成大家共同遵守的保护生态环境的办事规程或行为准则,发挥出群众共同建设生态文明的合力。

生态文明制度建设,我国也具有后发优势,表现在:一是学习先行者的成功之处,二是避免先行者的失误之处。解决生态问题也是全人类共同的责任,从这个角度来讲,美丽中国与美丽世界紧密相连,不可分割。因此,建设美丽中国,加强生态文明制度建设,需要在立法、政策、技术及资金方面加强国际合作,构建国际合作机制,积极参与全球环境治理。作为全球气候治理的积极参与者,中国签署《巴黎协定》,标志着我国与国际环保事业形成良好互动的新开始。随着中国经济的不断进步以及环境治理的不断深入,会有越来越多的力量参与到现代化与生态化双赢的事业中,形成中国特色的生态文明发展道路。

(三)完善法律体系,提高监管力度,保障生态文明制度建设的落实

健全完善的法律体系作为政治上层建筑,是生态文明建设的法律保障,也是衡量一个国家生态文明发展程度的重要标志,而且各项环境法律制度越来越成为衡量和裁决环境事务的标尺。通过法律体系的完善以及监管力度的加强,能够代替或减少事后弥补性手段,增强环境治理的预防性。民众生态思维方式的形成,自觉积极参与生态治理的实现,也离不开法律的强制作用,因为从外在教化尤其是法律约束到内在的道德自觉是民众思维方式生态化的主要途径。

从国家层面大力推动和生态文明建设相关的立法工作,弥补现有相关法律的空白和漏洞,力求早日建立全民系统的法律体系。此外,要优化现有的生态文明相关法律,细化被忽略的内容,使其更具针对性和操作性。同时,修改这些法律法规中不合理之处,提高原有法律法规的科学化水平。通过严格立法明确相关主体的责任义务,把环境保护的内容充实到整个国家的法律体系中。健全生态文明建设执法制度的重要性也不容忽视,通过严格执法,才能确保生态文明制度体系在社会主义法制轨道上运行。改变环境执法主体权力分配混乱的局面,扩大环境执法的方式、种类。加大环境执法力度,解决执法力度不够,监控力度偏软的问题,加大市场主体破坏生态和污染环境的成本。例如,制定完善排污许可方面的法律法规,细化相关规定,增强针对性,增强排污许可制度的强制性,加大对违规排污的处罚力度。

二、经济上:强化经济发展对生态文明制度建设的助力作用

(一)理顺与经济发展关系,强化生态文明制度建设基础地位

生态文明建设与经济发展相互影响,相互联系,辩证统一。人类经济活动总是直接或间接地与自然发生某种联系,自然是经济发展的前提与基础。当人类活动违反自然规律,对生态系统造成干扰和破坏时,就会引发生态问题甚至是生态危机,因此生态危机具有深刻的经济根源。而生态文明强调顺应自然、尊重自然是经济与自然和谐共生的状态,生态文明建设与转变经济发展方式具有内在的一致性。生态文明的建设与实现也需要经济的发展来保障,需要新型的经济形态和产业体系作为支撑,这是社会文明史发展的必然。

正确处理经济发展与生态文明建设的关系,必须依靠中国特色社会主义生态文明制度。以最少的能源消耗、最小的环境代价实现经济发展,开创高效生态经济发展模式,需要强有力的制度保障。我国生态文明建设的关键是中国特色社会主义生态文明制度建设。一方面,以制度为手段才能将生态文明理念转化为生态文明行动。将理论性的生态文明理念细化为具体可行的行为规范,为人们的行为提供约束和指导,才能将生态文明建设落到实处①。另一方面,以制度为手段,才能协调好各种关系。生态文明建设涉及各方面的复杂关系,牵一发而动全身,任何关系处理不好,都会影响生态文明建设的顺利开展。对各种关系进行全面规范和有效协调,才能确保整个生态文明系统有序运行。建立和完善绿色GDP核算和考核体

①周明星. 论习近平生态文明思想的四个维度[J]. 思想政治教育研究,2022,38(01):26-31.

系,将生态效益纳入经济社会发展评价体系,严格项目环境门槛,限制盲目开发和过度开发,就是落实创新、协调、绿色、开放、共享发展理念的表现。

(二)转变经济发展方式,畅通生态文明制度建设的道路

改革开放后中国经济迅猛发展,对自然资源的需求利用程度达到前所未有的程度,而生态建设问题一度被忽略,导致人口、资源和环境的承载压力空前巨大,甚至严重失调。如今可以利用解决资源环境问题来倒逼和引领发展方式转型,经济增长不能以破坏生态环境为代价,要根据自然规律、经济规律、社会规律来重塑中国经济。当前,中国经济已呈现出新常态,经济发展速度从高速发展转变为中高速发展,经济结构更优化,增长动力更多元。经济新常态也是一种可持续发展,加强生态文明制度建设,既是主动适应经济新常态,也是顺应人民群众对良好生态环境的期待。

转变经济发展方式,调整经济结构,实现要素优化配置的供给侧改革,是当前经济新常态背景下的重要经济改革策略。就企业生产而言,重在提高供给质量,扩大有效供给,防止资源浪费,而不是继续持有经济短视态度,固守粗放落后的生产方式以及以"资源换增长"的发展模式。改革有难度,需要制度保障,才能突破固有利益藩篱,畅通生态文明建设道路。绿色发展需要科技创新的支撑和引领,国家实施创新驱动战略,为加快培育新型产业,推动传统产业优化升级,提高绿色产业的国际竞争力提供了新动力。此外,经济发展方式的转变,也有利于克服传统发展方式的障碍,保证生态文明制度建设的顺利开展,最终实现经济发展与环境保护双赢。

(三)构建生态市场机制,增强生态文明制度建设的活力

市场行为主体在生态现代化进程中能够产生非常积极的作用。经济行为主体发展观念的转变,可以引导整个市场乃至国家的生态转型,因为企业作为主要的生产者对于环境所施加的压力和影响是非常大的。因此,如果企业能够放弃短期的投机理念,采用长期的可持续发展观,那么其对生态现代化将具有巨大的推动作用。政府应当利用市场机制将生态文明的理念融入到社会生产、分配、交换和消费的全过程,更加注重市场的配置作用。生态化市场是一个以环境关怀为基础,以环境政策为导向的规范

性市场。政府对市场进行合理干预,强调的是政府的服务功能,即为生态文明制度建设创造良好的政策空间。

将环境关怀从企业负担转变成企业竞争力,核心是新技术的研发与应用。鉴于生态科技费用高,周期长的问题,除了政府要进行相关行政支持以外,在对于科研领域可以充分发挥市场的作用。此外,对特殊行业采用的稀有资源要采用定量使用制、有偿使用制,完善既能体现公平又兼顾生态效益的生态补偿制度,拓展补偿方式,增加补偿额度,探索多元补偿渠道,探索出合理、科学、公正的资源税收制度,用多种多样的税收制度规范经济主体的行为。

三、文化上:加强生态文明思想宣传教育,建设和谐的生态文化

(一)加大专业人才培养力度,为生态文明制度建设提供人力支持

公众对环保理念和环保政策理解程度越深,自身参与和支持政策实施的程度也越深,政策实施的效果就越好。因此,要培养生态文明专业人才,传播生态文明理念和专业知识,为生态文明制度建设提供人力支持。生态文明人才的培养主要包括对生态文明教育主体培养和专业环保队伍培养两方面。

加强生态教育师资力量建设和学生生态专业化教育,加大对相关师资人员的培训,提高师资人员的教育能力。通过丰富人才培养目标,灵活教学方法,增加生态教学内容,帮助与辅导他人学会判断与自然关系中的是非、善恶,正确地调节自己的行为。具体到生态文明教育内容来讲,在基础教育中,可以重点普及一些生态环境类的科普知识,树立一种正确的生态价值观。在高等教育中,可以根据学生的具体学科,因材施教,将生态文明观念理念、学术成果贯穿于大学生涯中。在高校科研中,加大高校生态科研成果转化效率和数量,为生态文明建设提供智力支持,通过教育带来理论创新,科技创新和制度创新。在此基础上充实,稳固生态文明制度建设的人才和群众基础。此外,要加强环保队伍建设和人员配置,保障必要的工作经费和工作条件,加强业务培训。在生态文明制度内容上要了解具体制度的执行办法,解答参与主体的困惑。总之,生态文明制度的建立与完善,复杂而艰巨,只有打好专业人才培养的基础,才能为生态文明制度的发展提供源源不断的智力支持。

(二)普及生态文明知识学习，增强主体参与意识

生态文明知识包括相关理论、法律、生态现状、生态事件和生态责任等，充足的知识是生态环境保护实践的基础和前提。以大气污染为例，由于雾霾天气的存在，民众在心理上已经十分期待蓝天白云，但是，民众缺乏对雾霾和PM2.5的科学认知而容易听信谣言。随着环保事业的发展，需要民众在环保知识上与时俱进，可以从教育、政府信息公开、媒体宣传、民间环保组织等方面的体制机制入手，以加强生态文明知识学习和普及，增强主体参与意识。

目前，我国尚未在各层次的国民教育以及日常生活中建立起生态环境保护宣传和知识传授体系。因此，要重视学校教育在生态文明建设中的作用，普及生态法律知识，培养生态文明理念，使学生具备良好的生态知识素养。要建立生态信息公开机制，增进公民对生态环境现状的了解，实现公民和政府之间的良好互动。所以要加大政府信息公开力度，保障民众对生态信息知情权，并且积极听取群众意见，完善举报制度。要发挥新闻媒体优质信息创造、筛选，传播和活动的作用，一是制作大量内容丰富、形式多样的生态科普信息；二是宣传党和国家对于生态文明建设的决心、举措和成就；三是加强与受众的互动，形成一种全民投身生态文明建设的氛围；四是宣传生态文明的法律知识，提高公众的生态文明法律素养。

此外，合理利用节日或重大事件开展世界地球日等主题环保宣传，加大对于生态文明有关的重要会议和书籍的宣传教育力度，丰富和完善宣传舆论工作机制。民间环保组织是围绕生态环境的保护开展活动的民间环保团体，在环境保护工作中起着不可替代的作用。但是随着环保类社会组织的不断发展，其工作分工更加细致，关注对象更加具体化，对从业人员的专业化要求越来越高。这就要求环保类社会组织加强自身专业化建设和专业人才的培养力度，努力使自身环境保护服务专业化，不断完善环保组织运行机制。唯此，才能增强组织的公信力，塑造专业形象，吸引更多的人参与到环保事业当中来。

(三)鼓励生态文明行为，形成保护环境的文化氛围

越来越多的环境恶性事件使人们日益感觉到生态对日常生活的巨大影响。生态环境保护的普遍开展是一个社会集体心理和情感心理塑造过程，需要社会上形成一种环境保护的文化氛围，这就需要鼓励生态文明行

为,将生态文明理念落到实处。通过对生态文明行为的积极肯定与认可,以及对生态保护文化氛围的渲染与引领,使投身生态文明建设成为一种公众自我价值实现的途径,使珍惜资源、保护环境成为根植于人们心中、根植于社会中的文化内核。在营造生态文明氛围时,要注意生态文明行为的可借鉴性。在塑造这种氛围和树立正面形象时,一方面要考虑其社会的影响力;另一方面还要考虑公众的态度,即公众是否有学习正面形象的想法和行动。

此外,要完善奖惩机制,形成奖优罚劣的政策导向与机制。一些企业缺乏生态危机感和紧迫感,以牺牲社会利益,实现经济利益最大化。这种行为不仅是破坏了环境,更是作为一种破坏环境的典型破坏了社会环保氛围,起到了负面作用。因此,要严厉惩处违规违法破坏环境的企业。而对于那些承担起生态责任的企业,要给予表彰、鼓励或者政策支持,以肯定其环保行为,并引领其他企业效仿,形成你追我赶的环保氛围。生态文明行为养成需要漫长的时间,甚至在初期需要采取正式制度对各类主体加以强力约束,但这是我们在生态文明道路上必须要走的路。

四、社会上:构建绿色社会,为生态文明制度建设提供社会基础

(一)倡导文明、健康、绿色的消费方式

消费方式和生活方式对于资源环境的影响重大,消费方式不仅是财富消费问题、经济发展问题,更涉及人们的财富观、幸福观等价值观问题。比如汽车不仅被当作一种代步工具和高效率的工具,更是一种身份和地位的象征。绿色健康的消费方式和生活方式不仅可以促进资源环境的有效发展,也可以创造巨大的经济效益。

现阶段,很多人都拥有了绿色生活的意识,但这种意识尚未转化成为真正的绿色生活方式。其实,我们每个人都是环境污染的受害者,同时也是污染环境的制造者。因此,我们要从自身做起,践行文明、健康、绿色的消费方式,积极响应政府号召,使用清洁能源;践行绿色、文明、健康的生活方式,远离铺张浪费,不仅要在自家中做到节约水电,在公共场所也要厉行节约,自觉践行生态文明规章制度。从政府角度来讲,要规范绿色消费市场,鼓励生产者生产生态环保的绿色产品,建立绿色产品生态认证体系,引导公众进行健康的绿色消费。

此外,要限制过度华丽的包装,避免过度生产,造成浪费。还可以利用现代网络科技,开发相关的应用软件,建立起生产者绿色产品和公众绿色消费方式的媒介。当文明、健康、绿色的消费方式深入人心,成为一种社会风尚时,全民环保也就会为建设和完善生态文明制度奠定坚定的群众基础。

(二)严格社会生态文明管理,优化人居环境

幸福虽然是人的一种主观心理感受,但这种幸福感不是凭空而生,而是建立在一系列基础和条件之上的。随着生活水平提高,人们对所居住的环境状况越来越关注,幸福度与环境状况紧密相连,生态民生格外重要。因此,生态文明建设是提高人民生活质量的必由之路。

生态宜居城市不仅是自然环境和人文景观的美化,也包含着城市人文关怀。要遵循绿色、舒适、健康、安全、便捷的原则,严格社会生态文明管理,优化人居环境。严格的社会生态文明管理要制度化、常态化,确保城市生态环境建设的投入,基础设施建设的完善以及城市河流水系的综合治理;确保城市湿地、公园和绿地的修建,以恢复生态系统功能;确保节能减排的推行和工业污染的治理,以优化能源利用结构,做好新能源的开发利用,减少有害污染物的排放,降低城市热岛效应。为减轻大气污染,实行重污染天气下机动车辆限行政策。与此同时,政府要保障有效环境监测的实施,积极提供准确、有效的数据。此外,要对未知的灾害及潜伏的突发性因素保持高度警觉状态,提高抵御风险的能力。此外,基层生态文明制度建设要适应城镇化进程,以便更有力地推进和谐秀美乡村建设,加强农村绿化工作,严格治理农村污染,改善农村经济社会发展环境,提升农民生活品质,防止农村成为社会经济发展的牺牲品。生态宜居环境与人们的环保行为相互促进,环保行为有利于形成优美卫生的环境,优美卫生的环境则有助于激发人们对环境保护的集体认同感。

(三)完善生态文明制度建设示范区的试点与推广机制

科学的理论总是需要通过实践不断发展和完善,中国特色社会主义生态文明制度建设也需要通过试点工程来检验和完善。但是,生态文明建设是一个庞大的系统工程,我国区域自然条件分布不同,经济条件发展水平不一,生态文明制度建设处于起步阶段,既不能不加区别地制定与发展制

度,又难以离开实践检验加以完善。因此,加快生态文明制度建设的试点实践,在生态制度建设各领域进行试点工程和示范建设工作显得尤为重要。但是,在大量试点开展的同时,既要避免准入门槛或建设水准的降低,又要注重经验总结,取得实质性成果,不断完善生态文明制度建设示范区的试点与推广工作。

一方面,虽然不能先验性地假设任何一个从事生态文明建设的局地性试验,都会自觉追求或包含着某一生态文明理念或策略。但是足够多的个例的广泛试点肯定会体现出一些理念或战略层面上的实质性革新,在生态文明制度方面的政策试点有利于破解现行制度与体制下的诸多管制难题。另一方面,部分区域的生态文明建设经验由于特殊性极强,难以推广和复制。生态文明制度建设的推广需要因地制宜,探索出适合本地区经济、社会和环境协调发展的模式。东部沿海地区具有明显的区位优势和自身发展条件,可选择具有典型特点的地区进行生态文明制度试点建设。西部地区生态环境问题严峻,涉及的生态文明制度更复杂,生态文明制度建设具有迫切性,可以通过试点工程,加快西部地区生态文明制度建设。总之,通过生态文明示范区的试点与推广,摸索经验、树立典型、引领示范、以点带面、逐步推广,从而探索和推动生态文明体制改革。

第三节 文化创新

21世纪,人类必然由后工业化时代走向生态文明时代。大力弘扬和繁荣生态文化,是人类文明生态转向绿色可持续发展道路的必然选择。中国特色社会主义生态文化是以生态价值观为理念的一种全新的人类生存发展方式,它作为一种符合历史发展潮流的社会文化现象,必将成为支撑中国特色社会主义现代化建设的主流文化,成为中华民族凝聚力、向心力和创造力的重要源泉,成为建设美丽中国、实现中华民族伟大复兴中国梦不可缺少的精神铺垫和强大驱动力。

一、生态文化兴起的理论语境与时代语境

生态文化作为一种崇尚、敬畏、亲近自然的先进文化,是在人类拯救工

业文明时代所产生的生态危机的现代环境运动中逐渐形成的,是对现代文化中"人类中心主义"批判与反思的产物,是一种追求人文生态与自然生态系统和谐相处、协同进化的新型特色文化。

(一)对全球生态环境危机的反思与应对

生态文化的兴起与发展,直接发源于现代化进程中生态危机的加剧。随着全球工业化进程的加快和社会经济发展速度的增长,人类与自然的矛盾越来越突出。环境污染、资源破坏、能源枯竭、人口膨胀、土地荒漠化、森林退化湿地减少、粮食短缺淡水匮乏、酸雨和温室效应加剧、气候变暖、生物多样性减少、自然灾害频发等生态破坏、生态污染问题接踵而至,使地球及人类面临着前所未有的生态失衡危机。近年来,我国也发生了一系列严重的生态灾难事件,已然成为社会公众关注的焦点。生态危机引发的生态环境安全问题,已影响到国家安全、民族安全、社会安全和人的身心健康。可以说,工业革命以来,科学技术为人类发展提供了前所未有的认识自然和改造自然的工具,创造了前所未有的社会生产力,将人类社会从农业文明时代推进到工业文明时代。与此同时,科学技术亦导致了人与自然关系的全面扭曲,以损害自然环境为代价来创造和实现物质利益的工业文明,已经导致了自然界的严重透支,造成全球性生态危机。自然能满足人的合理需要,但不能满足人的贪婪。无视地球的承载能力,过度地征服自然,挥霍浪费自然资源,无限制地追求物质享受,犹如饮鸩止渴,只会加剧人类自身的危机和悲剧。而且,这种事情发生得越多,人们就越是不仅再次地感觉到,而且也认识到自身和自然界的一体性,那种关于精神和物质、人类和自然、灵魂和肉体之间的对立的荒谬的、反自然的观点,也就越不可能成立了。生态危机表明,人类不合理的活动正把人类自身置于危险的生存困境。

工业化实践导致的种种生态失衡,也使越来越多的人深刻地认识到:所谓的文化实际上就是人类维持生态平衡的实践,以科学技术至上为特征的科学文化实际上不能引导人类走上持续发展的道路。从20世纪70年代开始,美国、德国等发达国家已经变被动地治理环境污染为主动地进行生态环境建设,不仅通过耳濡目染的家庭教育、从幼儿园到大学系统的社会教育对全体国民进行生态环境教育,而且制定了严格的环境保护法律制度,逐渐真正使生态环境观念内化于心、外化于行。20世纪80年代末以来，得益于发展理念的变化，西方发达国家的生态环境普遍有所改善。1992 年，联合国发表的《里约环境与发展宣言》和《21 世纪议程》两个纲领性文件，更使"可持续发展"进入全球人的视野中，并掀起了全球范围内的环境保护运动的高潮。

(二)对现代文化的批判与反思

当人类深刻反思所面临的全球性生态危机以及过去所秉承的自然观、生产观、价值观时，发现问题的起因不在生态系统本身，而在于我们的文化系统，而要解决生态问题则必须重新审视文化对于自然界、对于调整人与自然关系的深刻影响。

工业革命以来，现代文化作为支配社会发展的主导文化，在价值观上奉行的是"人类中心主义"，具有鲜明的"反自然"性质，推行以人类中心主义为指导的社会意识形态和社会制度。长期以来，在现代文化的"人类中心主义"思想的影响和支配下，人类把自然界既当水龙头又当污水池，在伦理生活中，更是认为自然只是人类利用的对象、人类发展的工具，自然界是为人类服务的，珍爱自然、勤俭节约的精神追求被湮没在永无止境的物质欲望中，从而导致人的主体性极度张扬，占有欲极度膨胀，常常以征服者的姿态贪婪地向自然索取，进而引发了诸多人与自然对立的生态危机。可以说，正是由于"生态文化缺失"支配下的价值取向出现了严重偏差，才导致了今天生态危机和生态灾难的降临。当现代文化将反自然的倾向推向极端时，人类就面临着 21 世纪最为严峻的考验：我们能否以文化生存的方式与地球生态系统和谐共存？

随着生态化生产方式和可持续发展实践的不断开展，现代文化理念中的人类中心主义和反自然的意识形态，受到不同流派哲学的理论批判以及各种行为的实践拷问。人类要解决全球生态危机，实现绿色可持续性发展的目标，必须对原来的传统文化进行反思，重构文化价值体系和支撑体系，认识自然规律的客观性与人类自身的有限性，批判、放弃、改正一切对自然界失去理性的享乐主义行为，从价值取向到生产生活习惯自觉地进行重大的调整和变革，提倡人与自然和谐相处的新型文化，实现生态文明的历史转向。

上述的这些生态思想、生态观念、生态行为，不仅构筑了生态文化逐渐崛起的理论与时代语境，更成为推动人类文明发展的重要动力源泉。正是基于这样的背景,一种旨在建立人与自然和谐关系的生态文化逐渐兴起,从公众生态意识的觉醒到较为系统的理论探索,从生态政治运动到制度建设均对生态予以密切关注,以生态理论和原则为导向的新文化运动正在向社会生活的各个层面扩展开来,构成了我们这个时代特有的文化景象。生态文化的崛起标志着人类正在经历一次历史性的变迁,它的繁荣发展必将引领人类文化走向一个崭新阶段。

二、中国特色社会主义生态文化建设的战略意义

环境伦理学者余谋昌认为从广义理解,生态文化是人类新的生存方式,即人与自然和谐发展的生存方式;从狭义上理解,生态文化是以生态价值为指导的社会意识形态、人类精神和社会制度,如生态哲学、生态伦理学、生态文艺等[①]。笔者认为,生态文化是人与自然和谐共存、协调发展的绿色文化,是人类在面对生存危机时所选择的一种新的生存方式和价值取向,也是一种人类尊重自然、顺应自然的生态觉醒和社会生态适应。从党的十八大关于"大力推进生态文明建设"到党的十八届五中全会关于绿色发展理念的精辟论述,赋予了生态文化以新的战略地位、重要任务和历史使命。可以说,弘扬和培育生态文化,倡导绿色可持续发展,凝聚社会合力,建设生态文明,已成为时代发展的潮流。

(一)为绿色可持续发展提供理论指导和动力支撑

生态文化可以为我国实现绿色可持续发展提供理论依据和理论指导。实现绿色可持续发展就是要推动形成绿色的发展方式和生活方式,形成人与自然和谐发展的新格局。而人们只有理解和掌握了生态规律,才能更好地适应生态,产生良好的生态效应。生态文化的不断创新,生态学环境科学的发展,不仅可以加深人们对生态规律的认识,从而为绿色可持续发展提供坚实的理论基础和依据,而且它是把绿色发展理念渗透到经济行为、政治建设、社会治理以及公民素质中去的重要载体和机制。从另一个角度讲,人们对生态文化发展规律和发展程度的认识和把握,也决定和体现着绿色可持续发展的水平,可以说,实现绿色可持续发展本身就涵括在生态文化的意蕴之中。

---

① 余谋昌. 环境伦理与生态文明[J]. 南京林业大学学报(人文社会科学版),2014,14(01):1-23.

同时,生态文化价值观的弘扬和生态文化的创新也可以为我国实现绿色可持续发展提供源源不断的动力支撑。具体来看,生态文化中的生态政绩考核制度、生态环境评价制度、生态保护制度、生态责任追究制度、生态损害补偿制度、生态监督制度以及生态系统教育等的创新,将为人们提供行为规范,对管理部门、企事业单位及广大群众的活动起到引导和约束的作用,促使人们要遵循生态规律办事,养成良好的生态行为实践。生态文化中生态产品和生态技术的创新,如污染预防控制处理技术的发展,能克服现代工业发展中造成的一些生态问题,将为可持续发展提供有效的手段、途径、工具和方法,从而推动形成节能、降耗、减污的绿色发展方式。尤其是生态价值观的树立,在生态行为实践中,具有不可替代的引导、激励和教化作用,它有利于激发人们自觉保护生态环境的情感,能使人讲求生态道德和美德,以保护生态环境为荣耀,以节约自然资源为美德,从而为建设资源节约型、环境友好型社会奠定良好的心理认同基础。所有这一切,都是经济社会可持续发展的动力源泉。

(二)为社会主义和谐社会建设奠定精神基础

习近平总书记多次强调,良好生态环境是最公平的公共产品,是最普惠的民生福祉。对人的生存来说,金山银山固然重要,但绿水青山是人民幸福生活的重要内容,是金钱不能代替的。可以说,环境就是民生,实现天更蓝、山更绿、水更清的和谐生态关乎公平与民生。因为,人与自然是人类生存和发展的两个基本前提,人与自然的和谐相处是社会主义和谐社会所努力追求的重要目标。而生态文化就是促进人与自然和谐发展、共存互荣的文化,因此,不断加强对生态文化的建设和研究,对于增强人们的幸福感和获得感,对于构建社会主义和谐社会,具有重要而深远的意义。

繁荣和发展中国特色社会主义生态文化能为和谐社会建设奠定精神基础。一个国家或一个地区,实现社会和谐必须要有共同的精神信仰作为基础。生态文化与传统文化的精华是一致的,都强调"和"与"生"。"和"就是强调生态系统中要素的多样性和要素之间的有机协调,"生"就是强调尊重生命的价值以及生态系统发展的可持续性。生态文化建设的理念和方向与当代中国的民族精神、时代精神以及社会主义核心价值观的内涵与要求是高度契合的,都强调传播和谐与绿色发展的观念,在共同价值观的基础上凝聚全社会力量,推进整个社会更加稳定和谐。同时,繁荣和发展中国特色社会主义生态文化不仅能促进人与自然和谐,而且有利于增进人的身心和谐,从而能为构建和谐社会凝聚社会合力和向心力。人与自然的和谐与人与人的和谐互为条件、互相促进。因此,它必然要求不同群体有共同的目标、共同的信念,从而使得社会凝聚力、向心力、创造力会进一步增强,进而使社会系统的公平性和效率大大提高。同时,大力繁荣和发展生态文化,会逐步引导社会形成一种文明健康的绿色生产方式、绿色生活方式和绿色消费方式,会潜移默化地影响人的价值取向和行为模式,这能够有效地提升人民的生活品质,增进人的身心健康,从而提高社会和谐系数,大大推进社会主义和谐社会的建设进程。例如,通过对各种林业的开发和利用,通过对生态文化旅游、生态文化休闲健身、生态文化娱乐服务、生态文化餐饮以及生态文化音像影视作品等生态文化产业的开发和推广,不仅开辟了人们增收就业的新渠道,而且有助于城乡人居环境的改善,从而大大提升人们的幸福感。

(三)为建设社会主义生态文明做好文化铺垫

生态文化和生态文明具有内在的耦合性,两者相互联系、相互渗透。生态文明作为一种更高级的文明形态,就是要在生态文化指引下,摒弃传统文化中"反自然"的错误观念,确立生命和自然界的内在价值,走出"人类中心主义"的思想桎梏,使人类能自觉地尊重和顺应自然规律,按自然规律办事。生态文明建设进程的推进,不断丰富着生态文化的时代内涵。而生态文化是培植和孕育生态文明的土壤和根基,生态文化中的平等相宜、价值共享的核心理念是生态文明建设的基本价值取向,生态文化中所蕴含的生态意识、生态思维、生态伦理、生态经济、生态制度、生态教育、生态艺术等一系列与生态环境相关的文化成果,不仅正在改变人们的思维方式,而且其倡导的绿色生产方式、生活方式和消费方式,已经全面融入人们生活的方方面面,深刻影响着当今人们社会生产方式和生活方式的转变,大大促进了人类社会走向生态文明新时代的步伐,可以说,生态文明建设离不开生态文化的引领和支撑。当前,我们积极贯彻落实绿色发展理念,大力推进生态文明健康发展,在全社会牢固树立生态价值观,就必须要用先进的生态文化引领生态文明制度创新,将社会主义制度优势与生态文化的生命力相结合,使生态文化成为支撑生态文明时代的主流文化,从而为建设美丽中国,实现中华民族永续发展奠定坚实的文化铺垫。

三、中国特色社会主义生态文化建设的路径选择

（一）树立和弘扬生态价值观

价值观问题在生态文化的形成和发展中具有基础性作用。深入考究当前引发生态危机的深层原因，就是与传统发展模式和发展观相适应的传统价值观出现了问题。从一定意义上可以说，人类精神世界中价值取向的偏狭，才是最终造成地球生态系统失调的根本原因。因此，要克服当代全球生态危机，就必须从狭隘的"人类中心主义"的思维模式中走出来，确立人、社会和自然协调发展的新型生态价值观。生态价值观的实质是一种与传统的极端功利性思维方式相对立的互利共生型的思维方式，它致力于追求自然生态系统、社会整体性价值与人的主体性价值的共同实现、共同发展，以实现人类的自由幸福和人的全面发展为最高价值目标。它要求我们必须认识到人的生存发展依赖于自然，人必须遵循自然，这是人和人类社会发展进步的前提。尊重自然、顺应自然、保护自然、补偿自然，按自然规律办事，关爱自己生存的家园，敬畏生命，是生态价值观的核心。一个社会只有建立了自觉的生态价值理念，才会有自觉的生态行为实践。任何理念也只有转化为实践，才会获得真正的价值。因此，推进生态文化建设，要努力将以生态价值观为核心的生态文明理念转化成为全社会的价值认同和自觉追求，转化为广大人民群众的一种新的生产和生活方式，这样才能迈进生态文明时代，才能建设一个美丽中国。

（二）创新生态文化建设的制度体系

创新生态文明制度体系是生态文化建设的重要内容。在政策和制度选择上，要加强顶层制度设计，坚持源头严防、过程严管、后果严惩，治标治本多管齐下，体现绿色可持续发展的政策导向，积极探索建立系统完整的生态文明制度体系，用生态文化中的制度建设支撑起一个绿色可持续发展的框架，使生态环境保护走上制度化、法治化、规范化轨道。

一是要建立绿色考核体系和奖惩机制。要把资源消耗、环境损害和生态效益实绩列入党政领导政绩考核内容，将生态环境质量的改善生态文化建设的综合评价结果作为党政领导班子调整任用、培养教育的重要依据，充分发挥考核的引导、激励和约束作用。二是要划定生态红线，建立健全国土空间开发保护制度。要按照人口、资源、环境相均衡，生产、生活、生

态三类空间科学布局,经济、社会、生态三个效益有机统一的原则,优化国土空间开发格局,促进生产空间集约高效、生活空间宜居适度、生态空间山清水秀。对涉及国家粮食、能源、生态和经济安全的战略性资源,实行开发利用总量控制、配额管理制度,避免超出生态环境的承载能力,同时要健全生态环境保护责任追究制度,严格生态环保的问责追责,以给自然留下更多修复空间。三是要建立健全生态资源有偿使用和恢复补偿制度。诸如土地、水、能源、矿产等资源性产品,是人类赖以生存的重要物质基础。但当前,许多资源性产品的价格只反映资源开发成本,而生产过程中资源破坏和环境污染的治理成本没有体现在成本中,即外部成本没有内部化。针对这些问题,我们要按照市场供求和资源稀缺程度,明晰生态产权,落实生态资源的开发权、使用权,按照"谁保护、谁受益,谁污染、谁付费"的原则,健全生态环境保护责任追求制度和环境损害赔偿制度,促使环境外部成本内部化到市场主体决策中,形成科学、高效的资源开发利用体系,提升生态资源的开发效率;要积极探索绿色经济核算制度和相关的统计制度;要坚持推行生态环境影响评价制度,加强对资源开发的生态环境影响评价和环境监督管理。四是要建立健全社会参与和监督机制。要积极发挥公众在生态制度制定和执行过程中的利益表达和监督作用,完善人民生态文化需求表达途径,广泛调动和汇聚民智民力,建立和健全生态文化需求表达和决策参与机制。对于涉及生态问题的重大决策推行生态环境听证制度。要积极发挥环保组织的监管能力,积极发挥新闻媒体的舆论宣传和监督作用,积极畅通群众监督和举报通道,设立专门的生态建设举报热线、微信客户端等,多管齐下,促进生态文明制度体系建立的规范化、科学化、民主化。

（三）加强生态文化事业建设

生态文化事业是以非营利为特征、以政府公共部门为主提供的、以保障公民的生态文化权利为目的,向公民提供公益性生态文化产品与服务的文化领域。遵循文化事业发展的规律,生态文化事业作为整个社会公共文化服务体系重要的组成部分,理应纳入各级政府的公共文化服务体系的构建中,加强文化职能建设,从而推动生态文化事业迈向新的高度。

面对当前生态文化事业建设中的认识程度低、重视不够、投入不足、政策不完善、公民主体作用不突出以及社会机制尚未形成等问题,我们既要重视生态文化的普及,又要推动生态文化的创新提高。一是加强生态文化事业建设的组织领导。政府应履行好公共服务职能,通过体制机制创新,提高治理生态文化事业的能力。积极开拓多层次多类型的服务模式,将生态文化建设全方位融入百姓日常生活,融入区域经济建设、生态环境建设、城乡社会建设中,齐抓共管。二是加快构建现代生态文化公共服务体系。在实践中,既要注重加强包括生态文化馆和生态文化休闲园地等在内的生态文化基础设施建设,也要注重加强生态文化服务能力建设,更要不断提高生态文化服务支出占财政支出的比重,建立稳定的财政投入机制,把完善公共文化服务网络、公益性文化活动经费等纳入公共财政经常性支出预算。创新公共文化服务体系建设模式,形成科学有效的文化管理体制投融资机制和考核评价机制。三是完善生态文化的传承与创新体系建设。在生态文化事业开展中,要深入挖掘和阐释中国优秀传统文化思想中蕴含的生态文化的历史宝藏,彰显生态文化的民族特色;要广泛开展生态文化理论创新和主体创新研究;要建立专门的研究机构和团队,加强生态文化价值体系建设,重视对生态文化内涵及其历史价值的挖掘和提炼;要加强生态伦理、生态道德研究,繁荣发展生态哲学和社会科学,研究和推广生态学、生态经济学理论和方法等。

(四)大力发展生态文化产业

生态文化产业是从事生态文化产品生产和提供生态文化服务的经营性行业。具体讲,它是在国家政策指导和市场引导下,以反映人与自然关系为主题,体现生态文化理念,为社会公众提供实物形态的生态文化创意产品,提供可参与、可选择的生态文化服务为主的市场化、产业化经营活动。生态文化产业具有特殊性,它既具有文化产业的基本属性,同时又具有自身所特有的生态主导性、文化交融性、社会公益性以及民族地域性等特点。其中最具有生命力的特点之一,就在于它的每一个分支几乎都与一个相关产业相连接。比如,树木文化与木材产业,竹文化与竹产业,花文化与花产业,茶文化与茶产业,森林、湿地、沙漠文化与生态旅游产业等都是相融相生的。

当前,我国生态文化产业发展方兴未艾,涌现出许多优秀的生态文化产品和许多具有鲜明地域特色的生态文化产业模式,加之我国进入经济新常态,产业不断优化升级,国家对绿色文化产业的激励和扶持性政策陆续出台,人民文化消费需求旺盛等,这都为生态文化产业的繁荣发展提供了契机。但同时,我国生态文化产业还面临着理论导向不清晰、产业政策不完善、企业管理水平相对滞后、产业市场竞争力相对薄弱等挑战。为此,在遵循生态精神价值的弘扬与经济价值的创造相统一原则的基础上,把生态文化纳入文化产业发展总体规划,明确产业发展重点。一是合理开发森林文化、草原文化、沙漠生态旅游,让人们体验重归自然的乐趣,提升生态旅游的文化品位;二是积极推动生态文化与健康养生、休闲娱乐、体育健身相融合,努力打造一批以自然山水、生态民俗为主题的文化精品;三是积极发展木雕、竹藤、生态影视等特色生态文化产业;四是积极发展生态文化展演传媒、设计等文化产业新型态,提升生态文化的传播力和影响力。同时,还要积极推动建设一批具有重大示范效应和产业拉动作用的生态产业园区,为生态文化产业的繁荣发展提供有力支撑。

(五)创新生态文化教育与传播体系

弘扬生态文化,必须加强以包括生态系统意识、生态科学知识、生态环境知识、生态法治等为主要内容的生态文化教育,努力提高全民族的生态文化教养。学校应首先担负起生态文化教育的重任。要通过各种形式、各种传播媒介,从幼儿园、小学、中学到大学,对学生进行不同层次的生态文化教育,使公众从娃娃时代就形成良好的行为习惯和环境道德风尚,提高人们的生态意识和生态素养。为此,要学习先进国家经验,将生态文化理念纳入社会教育体系之中,把生态教育作为学生素质教育的重要内容,制定科学规范的生态环境教育大纲,做到生态文化教育进教材、进课堂、进校园文化、进户外实践,分别对不同层次的大、中、小学生进行较为系统的环境伦理道德教育和普及环境保护科普知识,并通过组织开展丰富多样的生态夏令营、生态公益志愿者活动等实践,提升学生的生态意识和生态素养。要在各级各类职业教育、干部教育等过程中开设相关生态环境教育课程,努力提高各级领导干部和企业管理人员的生态文化素质,以及建设生态文明的责任和担当意识。同时还要积极开展家庭和社区生态教育,普及生态知识,提高公众的生态文明素质。例如,在家庭中提倡勤俭,节约水、电等资源,鼓励孩子参加植树活动、生态环保科普公益活动;在社区便利店,可以放置分类垃圾桶、家用电器以旧换新、旧衣物捐赠活动等,鼓励居民形成绿色生活方式,以增强公民投身生态事业的积极性和主动性,增强全民的生态意识和生态责任。由此可见,加强全民生态文化的系统教育,是一种终身的和持续的教育,是一种全民参与的教育,是一种融合自然科学和人文社会科学知识为一体的综合教育。只有通过家庭、学校、各环保团体、传播媒介的广泛参与和通力合作,才能保障这一长期而艰巨的教育工程的顺利开展。

(六)建立以生态文化创新为目标的全球合作机制

生态问题的全球性特点,使得越来越多的国家和有志之士认识到:各国只有客观审视全球生态危机,尊重和理解多元文化,广泛参与世界文明对话,走国际生态文化合作与交流的道路,建立以生态文化繁荣发展为目标的全球合作机制,才能更好地提高全球生态治理的能力和水平,不断打造全球生态安全的屏障。同时,我们也可以看到,生态文化的多元性是客观存在的,生态文化建设也是跨越国界的全球事业,无论哪种生态文化类型对其民族区域生态环境都能起到保护作用,使我们形成人与自然和谐发展的生态文化观。也正因为各国间生态文化差异和经济社会发展的不平衡,使得国与国的生态文化之间具有互补性,具有利益关切性,因而也最有可能开展国际合作。生态文化国际交流与合作涉及多种层次和多个领域,在主体上既可以是国家政府、地方政府、科研教育机构,也可以是文化行业的企业单位、社会团体组织以及个人;在内容上涉及人员交流生态文化教育与培训、生态科技、生态立法等方面的交流与合作。

进入21世纪,在拥有广泛生态共识的基础上,加强国际生态文化的交流、合作与研究,既可以借鉴吸收其他国家有益的经验成果,也有助于增进国际社会对中国特色生态文化的理解与认同,更有利于提升我国在全球文化交流中的自主性和话语权,增强民族文化自信。这既是加快推进中国生态文明建设、将绿色发展转换成我国新的综合国力的进程,也是顺应世界生态文明发展潮流的必然选择,更是各国走向生态文明时代的共同期待。

第四节 组织创新

生态文明建设作为我国党的十八大后重点建设的战略任务,关系到我国经济社会的可持续发展、人民群众的幸福安康以及中华民族的伟大复兴。合作治理是走向国家治理能力、体系现代化的主要趋势,只有在生态文明建设中引入合作治理的理念,才能推动生态治理体系和治理能力的不断优化。对于当前我国的生态文明建设来说,协调好政府与非政府组织的关系、促进合作的有效展开,鼓励群众有序参与、实现效益最大化,是各级党委和政府当前面临的现实挑战。因此,在生态文明建设实践领域取得突破的同时,加快对治理路径的创新,才能使生态文明建设的战略目标取得跨越式发展,实现"既要绿水青山,又要金山银山"。

一、合作治理:我国生态文明治理体系创新的现实导向

(一)合作治理是我国生态文明建设的现实需求

2015年,中共中央、国务院印发的《关于加快推进生态文明建设的意见》,该文件指出,面对当下资源约束趋紧、环境污染严重、生态系统退化的严峻形势,这对我国的生态文明治理体系提出了空前的挑战。这要求我们在坚定贯彻党的十八大做出的将生态文明建设放在突出地位,融入经济建设、政治建设、文化建设、社会建设各方面和全过程,形成五大建设的重要决议;各级政府在落实《关于加快推进生态文明建设的意见》的各项内容的同时,又要形成党委领导、政府负责、社会协同、公众参与、法治保障"五位一体"的生态文明治理新体系。因此,在生态文明建设中引入市场机制,鼓励以非政府组织为代表的社会力量参与,走合作共治的道路就成了我国生态文明建设的必然选择。此外,随着生活水平的提高和公民社会的不断壮大,也使得我国生态文明建设不同于传统意义上的政府改革,它需要对群众的呼声予以回应,更要将有意愿参与的公民纳入治理体系,实现合作共治,从而有效应对日益严重的生态环境危机,将我国建设成为资源节约型、环境友好型、人口均衡型和生态安全保障型的社会主义生态文明社会。

（二）合作治理是我国生态文明建设的理性选择

对待生态文明建设中路径选择的态度，应该是推翻制度来迁就现实的，绝非推翻现实来迁就制度。我国生态文明建设走向政府与非政府组织的合作治理是在现实导向的前提下对生态文明建设路径理性选择的结果。我国现有的各类非政府组织，正好处于政府与私营企业之间的那块"制度空间"，是具有组织性、私有性、非营利性、自治性和志愿性的社会组织。其能够整合单个公民力量，以组织化的形式表达他们个人意愿，维护其合法权益；参与监督和评估政府政策，培养民间交流和自主管理的方法、技能，培养公民间的平等互惠精神，加深公民之间的相互信任与理解，促进公民社会的发展与成熟，为实现公民最大公共利益提供组织与制度保障。近年来，我国生态非政府组织在实践中不断壮大，在北京圆明园防渗环评、雅鲁藏布江水利工程评议、保护黄河源头以及全国雾霾防治以及近期的长江治理等各个运动中，生态非政府组织凭借着贴近社会生活、管理成本低、灵活高效、相关专业性强、能够在政治体系外有效弥补政府"治理盲区"的优点已逐渐得到群众认可，其影响也在不断扩大。并且，我国的服务型政府改革的稳步推进，使得各级政府在观念转变、行为选择和结构转变上都有了较大调整；同时，政府对市场、社会"还权赋能"和对非政府组织重视程度正在逐渐提高，这一趋势为非政府组织的发展提供了很大的空间。

二、生态文明建设中我国政府与非政府组织合作治理中的问题及分析

（一）政社合作意识尚未完全树立，集体行动经验缺乏

当前我国生态文明建设主要采用以政府为单一中心的治理模式，这使得政府与非政府组织在合作过程中是一种非对称性的关系。政府对于非政府组织缺乏足够的信任，大多数政府人员对待非政府组织的态度有待进一步转变。部分行政官员缺乏对非政府组织作用的科学认识，出于传统"全能政府"观点的影响，惧怕非政府组织的发展会"分享"公共权力、制造社会管理的混乱，政府在合作治理过程中对非政府组织的需求不能及时充分地回应，其对社会资源的垄断性不但挤压了非政府组织的活动空间，也使得合作治理名存实亡，变为政府主导的协商型治理。

（二）非政府组织缺乏自主性，作用难以发挥

虽然改革开放以来我国的非政府组织取得了一定进步，初步具备参与生态文明建设合作治理的资格，但仍然面临许多问题：一方面，政府对于非政府组织的严格管制制约了非政府组织的发展。非政府组织必须接受来自登记管理部门和业务主管单位的双重管理，多重的审核条例、严苛的法律规定使得非官方背景的非政府很难注册登记；其活动的开展必须经过当地政府许可和繁杂的申请手续，这无异于一开始就把非政府组织在合作治理中从"平等对话者"降到了从属被监管和被支配的次要地位。另一方面，非政府组织自身建设不足。通过笔者对成都市几个生态非政府组织的调查发现，绝大部分组织规模较小、活动开展少、社会影响力不足，一是因为缺乏可持续发展规划和高水平的组织制度，其采用的类似于企业的工作架构不适合具有非营利性的组织，工作人员缺乏运作志愿性组织的经验；二是由于非政府组织一直面临着经费不足、人才匮乏的压力，其开展的活动仅仅局限于讲座和宣传。这些无疑都成为非政府组织发展壮大的"瓶颈"。此外，由于我国生态非政府组织的实力弱小，为了在以政府为主导的治理环境中获得长期发展，只能开展一些体现政府意愿的环保活动，对很多实际问题缺乏深入的洞察。因此，这在很大程度上限制了非政府组织自主性的发挥，进而导致非政府组织对政府的监督流于形式。

（三）政府与非政府组织在合作治理中分工不明，权责不清

当前我国生态文明建设中政府与非政府组织合作效能低下的一大原因，在于两者就生态文明建设的具体分工、两者之间的权责分配上未能达成一致意见。这主要体现在：首先，双方缺乏有效的沟通平台。合作治理重要前提在于平等的对话和沟通，但当前政府与非政府组织并未建立制度化的沟通机制，传统的诸如环境听证会"生态热线"的方式进行的沟通缺乏广度、深度，效果欠佳。其次，双方在生态管理权力分配、责任承担方面一直存在矛盾，对于如何打造既有分工又有合作的运作机制未能从生态文明战略建设的高度作出统筹兼顾的安排。最后，双方在集体行动中缺乏协调，容易出现"重复管理"和"管理盲区"的怪圈。

（四）生态文明建设合作治理缺乏法律制度保障的运行机制

新出台的环保法是我国生态文明立法的一次重大突破，近期中共中

央、国务院印发的《关于加快推进生态文明建设的意见》也对生态文明建设进行了专题部署。这些法律、规定虽然都肯定了非政府组织在生态文明建设中的积极作用,但对于合作治理制度化运行机制安排却鲜有涉及,这使得双方在生态问题合作治理的过程中矛盾重重。由于缺乏制度化的沟通方式和协商程序,非政府组织只能通过第三方媒体的宣传扩大事件影响,通过广大公民舆论的方式来迫使政府采取行动。这暴露出双方在生态文明建设的方法规划、具体实践方面缺乏制度性的设计安排,政府与非政府组织开展的生态文明合作治理只能算是一种临时的或危机反应型合作,该合作方式已不适应我国生态文明建设进程加快的现状,其问题主要体现在:缺乏合作治理的激励机制。由于合作治理效果考核不清,缺乏对突出贡献的个人或组织激励办法,难以保障参与社会力量的长效和热情。同时,我国生态非政府组织的专业考评机制缺位,对于非政府组织参与生态文明合作治理的能力缺乏科学的认证,使得一些政府、公众对非政府组织的认可程度不高。最后,生态文明建设政府与非政府组织的合作治理中缺乏完善的监管机制。一方面,政府与非政府组织的合作治理的过程监督主要来源于组织内部的监督,对于两者之间的合作缺乏专门监督机构;另一方面,人民群众缺乏制度化的渠道来了解、监督生态文明建设的进度以及政府与非政府组织合作治理中的问题。

三、生态文明建设中政府与非政府组织合作治理路径创新

(一)夯实合作治理基础,创造良好环境

1.政府:完善相关法律制度,夯实生态合作治理基础

首先,政府应改革现行非政府组织登记许可制度。高效便捷的生态文明建设准入机制将有助于获取更多的社会力量。政府可以以网络注册平台为载体,通过该注册平台对满足法定条件的非政府组织申请进行受理、审核,并建立专业的监督机制。其次,完善非政府组织法律条款。对非政府组织的权利义务、组织条例、活动规则、同政府和企业的关系等问题都要在法律层面上给予明确,规范和引导非政府组织的行为。最后,将政府与非政府组织合作关系纳入生态文明建设法律体系。政府应以《环保法》的颁布为契机,完善生态文明建设法律体系中的社会参与机制,为政府与社会各类组织的合作提供法律保障、组织保障,明确各自的权利义务和责

任所在①。

2.非政府组织:加强与政府间的往来,增强社会互信

一方面,加快非政府组织与政府合作治理制度框架建设,通过正规的途径和法定程序加强协商沟通、增进双方了解,加深信任;深化多边合作,建立共同愿景。另一方面,可以通过网络、微博、微信公众号等方式拓宽与民众的交流渠道,宣传活动,获得民众支持,集思广益,向政府献言献策。同时,非政府组织要时刻严格自律,提高社会公信力,建立自身活动的社会资本。除完善本组织的内部管理外,还应建立行业自律协会,加强互律管理,制定道德守则,接受公众监督。

(二)提高合作能力,加强合作意愿

1.政府:转变政府职能,打造生态政府

首先,政府应确立生态优先的价值观。生态优先的价值观意味着政府不仅要在实现经济发展的同时维护生态效益,也必须以战略的眼光处理好经济利益与生态保护的关系。其次,合理定位政府生态管理职能。现代政府仍是生态管理事务中的重要力量,政府不应该将生态管理职能完全移交给非政府组织接管,因为政府生态管理职能既是保证生态管理整体有序性与合理性的必要条件,也是发挥培育生态非政府组织作用的内在要求。同时,政府也应明确从生态文明建设的微观领域退出,让权于市场、社会和非政府组织。

2.非政府组织:增强自主性,培养生态治理能力

首先,政府与非政府组织之间应既有合作又有竞争,保持独立性。一方面,非政府组织应明确自身的生态责任,凭借良好的社会公信力及生态服务能力等途径积极争取政府的财政补贴,通过慈善基金、募捐义卖等合法的方式向社会筹资,通过把握财政权的形式增强独立性;另一方面,非政府组织之间可以就提供生态产品、环境治理服务等方面展开适度竞争,非政府组织可以通过快速反应,提高服务质量来证明自己的建设能力,从而获得更多的社会关注、财政支持和生态管理权力。其次,非政府组织应提高人员素质,培养专业能力。一要积极创新宣传方式,放宽准入门槛,畅通人才引进渠道,通过其志愿性吸引更多的多学科人才加入。二要确保

---

① 谢澄如练,唐迩丹. 生态文明建设中我国政府与非政府组织合作治理路径创新[J]. 商,2016(26):91-92.

创造良好的工作环境和工作平台。三要切实加强人才的培训机制建设。一方面要强化成员的公共精神和自律意识,提高社会责任感;另一方面还要通过定期的技能培训和不定期的专业实践演练,提高工作人员的业务技能和职业素养。

(三)建立合作治理平台,优化治理结构

1.建立互通、共享、透明的合作治理平台

首先,应完善政府与非政府组织之间的沟通渠道。可以以法律的方式将其程序化、固定化,以专员负责的方式定期或不定期召开协商会议;还可以将一些生态建设成绩突出的非政府组织作为相关领域非政府组织力量整合的联结点,使其更为统一。其次,建立资源共享机制,包括生态治理财政补贴专项基金和人才流动站,政府与非政府之间可以就生态合作的需要,实现财务与人才的自由流动、互通有无,真正实现合作的一体化和高效化。最后,建立共同的信息发布机制,对生态环境治理成果、资金来源、用途等数据定期向大众发布,提高了信息的透明度和公开度。

2.完善合作治理责任体系,优化治理结构

高效合作的前提在于合作双方分工、责任的明晰。首先政府应通过法律法规制度明确政府与非政府组织在生态治理过程中的责、权、利关系,厘清两者在生态合作治理中各自应扮演的角色、承担的责任,规定非政府组织的权力行使范围以及两者在生态治理过程的利益分配机制,力求分工得当,双方能各司其职,达到既有分工又有合作的格局。其次,健全对合作治理的绩效考核制度。建立体现生态文明要求的合作治理目标体系、考核办法、奖惩机制,进一步将资源消耗、环境损害、生态效益等指标纳入经济社会发展综合评价体系和治理效果评估体系。最后,完善监督机构和责任追究机构。对于生态治理过程中政府与非政府组织的合作治理,成立专门的监督机构,对其资金来源和使用情况严格核查,对于合作治理过程中履职不力、监管不严、失职渎职的,要依纪依法追究有关人员的监管责任,对没有达到标准的非政府组织建立问责机制。

第五节 可持续发展

20世纪60年代,卡尔森(Carson)所著《寂静的春天》描绘了DDT污染的人类家园,掀开了世界环境运动的新篇章。20世纪70年代,罗马俱乐部的增长极限论、生态平衡和资源节约的循环经济发展观、人类与自然界和谐共处的思想陆续开始出现,联合国首次人类环境会议开始关注环境与发展的矛盾关系。1987年,联合国在布伦特兰报告中指出,可持续发展是既满足当代人的需要,又不对后代人满足其需要的能力构成危害,经济、社会与环境逐渐成为可持续发展的三大支柱。千禧年到来之际,全球各国首脑在纽约联合国总部表决通过了联合国千年宣言,承诺将建立新的全球合作伙伴关系以降低极端贫穷人口比重,并设立了8项到2015年计划完成的目标,即"千年发展目标"(MDGs)。2015年9月,在既往实施的千年目标基础上,联合国可持续发展峰会正式通过《2030年可持续发展议程》,提出一套包含17个领域169个具体问题的可持续发展目标(SDGs),可以说取得了阶段性进展。但是各国实践已经表明,SDGs在全世界范围内的实现还面临着一定的困难和挑战,短期内还不能取得真正实质性的进展,生态文明恰逢其时的出现可以说为这一进程注入了蓬勃的生机和活力。

一、可持续发展研究进展与目标实现挑战

国际上在布伦特兰报告出台之前的二十世纪七八十年代,还存在着各种关于贫困与发展话题的争论,可持续发展的重新定义将重心转向环境与发展,并成为绿色经济和循环经济等理论进路的理念基础。戴利将可持续发展理念定义为"没有增长的发展——没有超出环境可再生和吸收能力的流量增长",也就是没有超出环境承载能力范围内的发展。他还强调了经济系统与生态系统的关系,即经济系统包含于生态系统,但生态系统不能支撑经济子系统无限增长。他还提出资源可持续利用的三条准则:社会使用可再生资源的速度不得超过可再生资源的更新速度;社会使用不可再生资源的速度不得超过作为其替代品、可持续利用的可再生资源的开发速度;社会排放污染物的速度不得超过环境对污染的吸收能力。环境退化率

和经济发展水平存在一种倒"U"型关系,即环境库兹涅茨曲线。而国内学者主张,可持续发展促进了环境、经济和社会协调发展,要求人类在发展中讲求经济效率并追求社会公平,其理论的核心在于努力寻求人和自然的平衡和努力实现人与人之间关系的协调,可持续发展文明观是物质、精神和生态三种文明的高度统一与协调发展。

利用知网检索的结果表明,国内关于可持续发展的研究早在20世纪初就受到关注,一开始是在医药卫生领域。1988年,蒙培元从儒学与可持续发展的角度谈论人与自然的关系。1993年以来,研究可持续发展的文献如雨后春笋一般急速增长,于2004—2015年间达到高峰。有研究基于生态系统服务的解决方案去研究SDGs的实现途径,尤其是经济和生态之间的权衡,研究发现,一个不可持续的世界秩序揭示了经济和生物圈SDGs之间的权衡。而在全球范围内,SDGs(如无贫穷、经济增长等)和生态系统服务之间的优先协同效应数量大大超过了权衡。近年来,作为保护世界海洋和水资源的战略,"蓝色经济"即经济活动与海洋生态系统长期承载力之间可持续的平衡受到广泛关注。

有学者对SDGs进行了细致的分类和研究,并对MDGs和SDGs进行了比较。《2015年千年发展目标报告》显示,尽管全世界在MDGs的很多具体目标方面成绩显著,但各个地区和国家的进展很不均衡,仍然有巨大的差距,环境可持续性的部分关键目标没有实现,如到2010年生物多样性丧失率显著降低。到2020年年底,SDGs的169个具体目标中有21个已到期。《可持续发展报告2020》显示,约有一半的缔约方国家在实现SDGs方面取得了进展,但进展速度缓慢,无法在2020年底之前实现其目标。目前地球生命系统处于持续超载状态,各国与生态环境相关的SDGs实现程度评级普遍偏低,指标落后于既定日程,几乎所有国家实现与生态环境相关的目标(如SDG6)时都面临挑战。

二、可持续发展理论范式

在诸多学科和领域的研究中,往往并存着不同的范式,并且在不同的范式之间也常有争论出现。可持续发展虽已形成形式各异的理论范式,但在助推SDGs实现的过程中仍存在不足之处。

（一）以强弱可持续为特征的生态经济范式

埃里克·诺伊迈耶比较了强和弱两种可持续范式，并把新古典经济学延伸的弱可持续性称之为"可替代范式"，对于生态经济学的强可持续性称之为"不可替代范式"。弱可持续发展允许用人造资本替代自然资本，认为只要经济、社会和环境三种资源总体保持增长模式，留给后代的自然资本总量至少是不变的，也就是可持续的。强可持续发展认为自然资本是不可替代的，环境、社会、经济三者依次包容，自然资本和人造资本互补、各自的总量都应该至少保持不变，整合资本有非零增长即可持续。还有一种称之为绝对或者荒唐可持续发展的观点认为自然资本是绝对、不可替代的，任何意义上的经济增长都是以自然资本的减少为代价，是不可持续的。在逐渐发展的过程中，强可持续观点已经成为当前世界范围内的主流观点，可以说，目前是弱可持续向强可持续转变的时候了。

（二）以浅绿、深绿和红绿为代表的政治哲学范式

西方思想界还形成了从"浅绿""深绿"和"红绿"不同视角看待可持续发展的理论范式，国内学者对此有不同的解释。郇庆治等将生态文明和可持续发展理论纳入三种流派体系中来，认为"浅绿"意义上有可持续发展理论、生态现代化理论、环境公民（权）理论、绿色国家理论与环境公共管治理论，"深绿"意义上有生态哲学与伦理、深生态学、生态审美、生态自治主义、生态文明理论，"红绿"意义上有生态马克思主义/社会主义、绿色工联主义、生态女性主义、社会生态学与生态新社会运动理论。[①]王雨辰从经济、政治、文化和社会四个维度对浅绿、深绿和红绿进行了比较，认为三种思潮的出现是对生态文明本质的探索，并进一步提出中国的习近平生态文明思想超越了以上三种流派，从人类命运共同体的角度阐释了全球环境治理的中国方案[②]。可以说，浅绿实际上是一种弱可持续发展理论，深绿是一种强可持续发展理论，红绿则强调了生态文明的制度建设，是马克思主义生态哲学观的体现。

---

①郇庆治，鞠昌华，华启和. 社会主义生态文明建设调研笔谈[J]. 理论与评论，2018（04）：44-56.

②王雨辰. 论习近平生态文明思想对人类生态文明思想的革命[J]. 马克思主义理论学科研究，2022，8（03）：26-35.

（三）不同学科语境下的交叉融通范式

在可持续发展概念得以确立之后,诸如生态学、经济学、社会学、地理学、景观生态学等也不断汲取可持续发展理论的精华,并形成不同学科的发展特色,这些学科范式下的可持续发展理论各有其特点。生态学范式下的可持续发展理论不只关注于原生态的自然界,还更多地关注有人类参与的"人化自然",在其中,自然系统和社会经济系统相互作用,形成了对环境产生影响的环境问题,并由此诞生了生态经济学。近年来,也有学者关注从景观生态学角度探讨可持续发展范式,尤其强调了景观的可持续性。经济学范式下的可持续发展理论则注重公共资源的配置、环境价值的核算等领域,其与生态学框架下的可持续发展理论是存在重叠和交叉的。社会学范式下的可持续发展理论研究主要体现为"环境伦理"学的兴起,并开始关注对价值起源的研究。地理学范式下的可持续发展理论主要关注"人地关系",致力于人类活动对自然资源环境影响的研究,并着力协助解决经济活动引起的人口、资源、环境问题。此外,还有以国别为代表的欧日生态现代化理论模式、美澳加生态行(法)政主义理论模式和"金砖国家"可持续增长理论模式。尽管可持续发展形成了不同视野的理论范式,这些理论范式从不同视角总结了可持续发展的规律,但仍存在着自身的局限性,还没有某一种范式获得社会各界的普遍认可和支持,从根本上解决可持续发展目标全面实现的难题,仍在争论和探索中的可持续发展道路充满了不确定性,需要加以集成提出新的范式来真正实现可持续发展的蓝图。反观之,生态文明思想在中国这片沃土中孕育成长,形成了具有广泛适用性的全新范式,这一范式作为传统可持续发展范式的承接和创新,为可持续发展目标的实现提供了新路径。

三、生态文明理论范式创新

生态文明描述了一个人类社会(经济、农业、教育等)旨在促进人类和地球整体福祉的世界。在国内,生态文明首次提出是在生态农业领域。国外也有学者认为生态文明是工业文明之后一种新的文明阶段,工业文明有可能导致向生态文明的转变。生态文明的思想理念已经成为中国共产党的执政理念,并在党的十八大后形成了以习近平生态文明思想为中心的理论体系。目前学界有两种观点:一是生态文明与可持续发展互相融通;二是生态文明不同于可持续发展,是一种新的社会秩序。融通论与新秩序论其实都承认生态文明对于可持续发展的贡献,是在其基础之上的创新。生态文明范式又被称为C模式,是发展中国家在生态承载力范围之内实现经济社会发展的一种路径探索。中国生态文明实践提供了可持续发展的中国方案与智慧,是对可持续发展的一种新的更高层面的探索,既是承接也是创新。

(一)生态文明形态的创新

工业化最近一百年来所创造的生产力,比过去一切时代所创造的全部生产力还要多,但是这一时期对生态环境带来巨大的破坏。尽管环境保护与可持续发展已经上升到国家和国际政治层面,2030年可持续发展议程确立了人本、地球、繁荣、和平与伙伴关系的5P理念,也是可持续发展理念的创新转型,但是并没有从社会文明形式的高度来思考发展范式问题。生态文明是和物质文明、精神文明和政治文明共存的一种人类文明形态,也是超越了传统农业文明、工业文明的一种更高的人类文明形态。面对工业文明下征服自然的发展理念,生态文明从理论与实践的双重维度实现了对这一发展理念的超越。中国生态文明准确把握人类文明必然从人与自然的对立发展走向人与自然的和谐发展这一客观规律,在生态文明建设上既继承了前人的成果,又进行了创新发展。习近平生态文明思想是生态文明建设的理论指引。

(二)生态文明发展维度的创新

自约翰内斯堡会议明确了可持续发展的三大支柱以来,经济、生态、社会已经成为可持续发展的长期框架,得到各国政府和学界的共识。"五位一体"总体布局把生态文明建设提高到战略角度,拓展了可持续发展的三个维度。一方面,生态文明建设融入经济建设、政治建设、文化建设、社会建设各方面和全过程,有助于实现以人为本,全面协调可持续的科学发展;另一方面,可持续发展的三个维度进一步深入拓展为经济、政治、文化、社会、生态文明五个维度,在更广泛的范围内发挥作用。在实践引领方面,生态文明起到了更加深远的影响。以生态价值观念为准则的生态文化体系,以生态产业化和产业生态化为主体的生态经济体系,以改善生态环境质量为核心的目标责任体系,以生态系统良性循环和环境风险有效防控为重点的生态安全体系,以治理体系和治理能力现代化为保障的生态文明制度体系,界定了生态文明体系的基本框架。"五大体系"是建设美丽中国的行动指南,为生态文明建设和永续发展提供了根本支撑,也为构建人类命运共同体贡献了思想和实践的"中国方案"。

(三)生态文明生态向度的创新

长期以来,西方二元论主张"非此即彼",把事物的两个方面完全对立起来,看待经济发展和环境保护也是相互孤立。生态文明打造了生态经济新向度和共同体生态新向度。"绿水青山就是金山银山"理念的提出代表了生态经济化和经济生态化的有机统一,揭示了绿水青山是实现源源不断金山银山的基础和前提。在马克思主义哲学视野中,生产力和生产关系的跃升必然指向生态环境保护和经济社会发展的辩证统一和统筹兼顾,保护生态就是发展生产力。"两山"理论摆脱了将发展与保护相对立的旧观念,不再奉行"非此即彼"的二元论思想,指明实现经济发展和环境保护内在统一、相互促进和协调共生的辩证唯物主义方法论,是对可持续绿色发展理念的超越。共同体生态新向度表现为山水林田湖草沙是一个生命共同体的系统保护思想,强调了"统筹山水林田湖草沙冰系统治理"。一方面,要坚持底线思维,牢固树立红线观念,守住自然生态安全边界,即自然生态系统分布的生态空间边界、自然生态系统质量的底线和自然生态系统承载力。另一方面,要求我们树立生态治理的大局观、全局观,不仅要树立山水林田湖草沙冰一体化的思想,还应该实施全域治理、从管理上统筹协同,深入践行生命共同体的思想。而"生命共同体"强调的正是大自然是一个完整的系统,人类只是大自然的一部分,我们要尊重自然、保护自然,人与自然和谐共生。

(四)生态文明实践深度的创新

可持续发展虽然确立了2030年目标,但实际面临着诸多难题。仅欧洲及韩国等少数国家积极推行"绿色新政",全球实现碳达峰、碳中和仍待时日。联合国生物多样性和生态系统服务政府间科学政策平台(IPBES)发布的2019全球评估报告指出,在20个爱知目标中,仅有少数有望实现或取得积极进展,大多数进展有限,甚至偏离目标。2020年,193个国家中仅有20%实现了消除贫困这一目标,仅有不到3%的国家实现了良好健康与福祉这一目标。生态文明是以环境资源承载力为基础,以自然规律为准则,以可持续的社会经济政策为手段,以致力于构造一个人与自然和谐发展为目的的文明形态。生态文明实践深度的创新表现在运用系统思维和整体思维,全方位、全地域、全过程地开展生态文明建设,强调不同地区因地制宜的探索。中国构建了"理论—战略—制度—工程"的实践体系,同时整个实践是循序渐进,以示范探索、细胞工程为基础,强调解决源头性、根源性、基础性问题,强调系统施策。如果说良好的生态环境是生态文明的硬实力,生态文明制度体系就是生态文明的软实力,以先进制度为代表的生态文明治理体系引领了世界永续发展之路。

四、生态文明引领下实现全球可持续发展目标的新路径

当今世界正经历百年未有之大变局,共同面临的生态环境问题和挑战是其中重要方面,可持续发展是各方的最大利益契合点和最佳合作切入点。无论是在全球生态环境保护思想理念层面,还是在气候变化碳减排、生物多样性保护、生态减贫等具体实践领域,抑或是生态环境保护的本地化和全民参与,生态文明都从不同维度促进全球可持续发展目标的实现。

(一)宏观:生态文明的思想理念引领

生态文明理念为未来发展范式的转变提供借鉴。从强可持续到生态共同体新向度,需要发展理念的创新,生态文明正好可以担当这一角色。生态文明理念为2030年可持续发展目标的实现提供了崭新的路径,指引着全球可持续发展的方向。在《沙乡年鉴》中有这样一段表述:"土地伦理是要把人类在共同体中以征服者的面目出现的角色,变成这个共同体中的平等的一员和公民。它暗含着对每个成员的尊敬,也包括对这个共同体本身的尊敬。"这与习近平生态文明思想的共同体理念是息息相关的。

对自然,秉承生命共同体理念,做到人与自然和谐共生;对人类,秉承命运共同体理念,世界各国唇齿相依、同舟共济。全球环境治理需要加快构筑尊崇自然、绿色发展的生态体系,加快实现可持续发展目标所描绘的平等、清洁、美丽的世界,需要在气候变化、生物多样性、海洋生态、减贫、突发环境污染和公共卫生事件风险应对等领域加强世界各国之间的政策合作,积极营造世界各国、各地区、各民族共同参与全球生态环境治理的良好氛围。

(二)中观:生态文明的实践行动引领

联合国环境规划署和其他一些领先经济体于2008年启动了绿色经济计划(GEI)。2014年4月,联合国文明联盟和国际生态安全合作组织建立了生态文明委员会。生态文明越来越受到国际关注并积极引领环境实践,尤其在气候变化谈判中,发挥了积极的引导作用。

1.气候变化与碳减排

2030年可持续发展目标之一是气候行动,为了减缓和适应全球气候变暖的趋势,全世界各国应该联合起来共同应对。欧洲率先实施了"绿色新政",有望到2050年成为全球首个净零排放的洲。生态文明秉承"人与自然和谐共生"的理念,通过目标责任体系为各个国家和地区参与气候行动提供了有效路径,倡导正确面对和解决全球气候变化带来的生态安全问题。为了世界多数国家在21世纪中叶实现碳达峰、碳中和,发达国家和发展中国家都需要承担应有的碳减排责任。各国通过坚定不移地推进全球气候治理进程和深化应对气候变化务实合作,在生态文明指引下为全球可持续发展目标的实现、为保护好人类赖以生存的地球家园做出应有的努力。

2.生物多样性保护

2030年可持续发展目标中有关于水下和陆地生物的保护,但目前进展缓慢。积极维护生物多样性是全球各国和地区可持续发展的首要任务。未来要在生态文明理念下共建地球生命共同体,重视人与自然生态系统和谐共生的关系、人与人之间和谐共生的关系。一方面,认识到生物多样性损害与丧失所产生的系列影响将是全球性的,任何人、任何国家都无法置身事外,必须从地球生命共同体的角度认识和保护生物多样性,维护地球生命共同体的健康安全,使人类社会能够可持续发展;另一方面,在实践上,不仅要重视生物种类的多样性,还要重视各类种质资源遗传的多样性和生态系统的多样性,更要拒绝非法狩猎野生动物和拒绝侵占重点保护物种的栖息地。

3.生态减贫

消除贫困、消除饥饿、良好健康与福祉是可持续发展目标中最重要的三项内容,其蕴含着全世界人民不仅摆脱温饱问题而且实现同一健康、同一地球、同一世界的美好愿景。"良好生态环境是最普惠的民生福祉"是中国生态文明建设的根本宗旨,通过为老百姓提供更多优质生态产品以满足人民日益增长的优美生态环境需要是可持续发展的现实要求。一方面,坚持"生态优先,绿色发展"的新发展理念,走出经济发展与环境保护的"二律背反",可以让更多地区找到生态保护与经济发展的平衡点;另一方面,既然绿水青山可以源源不断地转化为金山银山,在生态环境质量提升的同时可以使当地居民得到生态补偿等更多收益,实现绿色高质量发展。

(三)微观:生态文明的全民参与

可持续科学强调地区特点和解决实际问题,其研究对象具有特殊社会、文化、生态和经济特征,即如何在实现在地化的同时,将地方经济、社会、生态各方面的相互作用更好地融入"全球"范围。

第一,需要明确地方政府的责任。从地方法律法规政策制度层面来评价可持续发展的实施要领,即是否制定了符合当地政治稳定、经济发展、文化和谐、社会进步和生态环境得到良好保护的"五位一体"的生态文明政策,在具体实践中是否能够落实到位,对经济、社会和生态的协调发展是否起到应有的作用。

第二,细化企业和社会组织的作用。对于不同地方,要深入到市、深入到县、深入到企业,对当地的特色发展方式进行深入了解和分析,量身定制适合本地发展的最优路径和模式。构建现代环境治理体系,切实做到以企业为主体,鼓励社会组织积极参与生态文明建设。

第三,通过全民参与打造绿色社区。"以人为本"的全民参与能够做到人人都成为环境保护的关注者、环境问题的监督者、生态文明的推动者和绿色生活的践行者。倡导美丽世界"我"是行动者,创建绿色和谐家园,使人人争当绿色公民,人人获得生态福祉和惠益。

REFERENCES
参考文献

[1]阿瑟·摩尔,等.世界范围内的生态现代化:观点和关键争论[M].北京:商务印书馆,2011:4-5.

[2]彼得·S.温茨.环境正义论[M].上海:上海人民出版社,2007:100-101.

[3]陈飞星,徐镔镔,吴班.环境教育与环境文献[J].重庆环境科学,2002(05):25-28.

[4]陈继红.浅析城市生态系统特征[J].国土与自然资源研究,2004(04):56-57.

[5]董成.全球生态文明建设的中国实践[J].湖南社会科学,2022(02):109-116.

[6]郭晓虹."生态"与"环境"的概念与性质[J].社会科学家,2019(02):107-113.

[7]洪大用,范叶超.公众环境知识测量:一个本土量表的提出与检验[J].中国人民大学学报,2016,30(04):110-121.

[8]金艳,梁雨群,王晓平.1992年世界卫生报告[J].中国初级卫生保健,1992(11):44-46.

[9]刘建伟,许晴.中国生态环境治理现代化研究:问题与展望[J].电子科技大学学报(社科版),2021,23(05):33-41.

[10]卢春天.美欧环境社会学理论比较分析与展望[J].学习与探索,2017(07):34-40+190.

[11]马子红,胡宏斌.自然资源与经济增长:理论评述[J].经济论坛,

2006(07):45-48.

[12]潘敏.论当代转型时期环境社会学的学科定位[J].郧阳师范高等专科学校学报,2006(05):66-70.

[13]彭蕾.习近平生态文明思想理论与实践研究[D].西安:西安理工大学,2020.

[14]秦益成.该怎样谈论"环境问题"[J].哲学研究,2001(06):26-30+80.

[15]王雨辰.论习近平生态文明思想对人类生态文明思想的革命[J].马克思主义理论学科研究,2022,8(03):26-35.

[16]魏胜强.新发展理念视域下的生态补偿制度研究[J].扬州大学学报(人文社会科学版),2022,26(01):50-65.

[17]谢澄如练,唐迩丹.生态文明建设中我国政府与非政府组织合作治理路径创新[J].商,2016(26):91-92.

[18]郇庆治.论习近平生态文明思想的马克思主义生态学基础[J].武汉大学学报(哲学社会科学版),2022,75(04):18-26.

[19]于强,张启斌,牛腾,等.绿色生态空间网络研究进展[J].农业机械学报,2021,52(12):1-15.

[20]余谋昌.环境伦理与生态文明[J].南京林业大学学报(人文社会科学版),2014,14(01):1-23.

[21]约翰•汉尼根.环境社会学[M].洪大用,译.北京:中国人民大学出版社,2009:9-10.

[22]张晓.确立我国生态安全战略新理念[J].河南社会科学,2004(06):142-143.

[23]章楚加.环境治理中的人大监督:规范构造、实践现状及完善方向[J].环境保护,2020,48(Z2):32-36.

[24]赵荣锋.构建人类命运共同体:全球生态治理的中国方案[J].唐都学刊,2022,38(01):39-46.

[25]周嘉昕.马克思的生产方式概念[M].南京:江苏人民出版社:马克思主义研究丛书,2019.

[26]周明星.论习近平生态文明思想的四个维度[J].思想政治教育研

究,2022,38(01):26-31.

[27]周琪.人类命运共同体观念在全球化时代的意义[J].太平洋学报,2020,28(01):1-17.

[28]周志家.环境意识研究:现状、困境与出路[J].厦门大学学报(哲学社会科学版),2008(04):19-26.